武汉大学
优秀博士学位论文文库
编委会

主　任　李晓红

副主任　韩　进　舒红兵　李　斐

委　员（按姓氏笔画为序）

马费成　邓大松　边　专　刘正猷　刘耀林
杜青钢　李义天　李建成　何光存　陈　化
陈传夫　陈柏超　冻国栋　易　帆　罗以澄
周　翔　周叶中　周创兵　顾海良　徐礼华
郭齐勇　郭德银　黄从新　龚健雅　谢丹阳

武汉大学优秀博士学位论文文库

本课题研究得到国家自然科学基金重点项目资助(编号：50639040)

农田地表径流中溶质流失规律的研究

Study on the Chemical Transfer
from Agricultural Farmland to the Surface Runoff

童菊秀 著

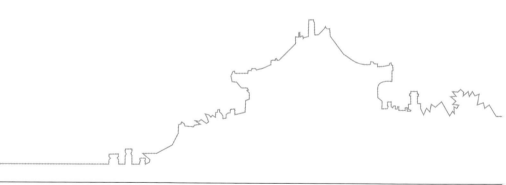

武汉大学出版社
WUHAN UNIVERSITY PRESS

图书在版编目(CIP)数据

农田地表径流中溶质流失规律的研究/童菊秀著.—武汉：武汉大学出版社，2015.2
武汉大学优秀博士学位论文文库
ISBN 978-7-307-14846-8

Ⅰ.农⋯　Ⅱ.童⋯　Ⅲ.农田—地表径流—养分流失—研究　Ⅳ.S27

中国版本图书馆 CIP 数据核字(2014)第 263727 号

责任编辑：任　翔　李　瑞　　责任校对：鄢春梅　　版式设计：马　佳

出版发行：武汉大学出版社　(430072　武昌　珞珈山)
　　　　　(电子邮件：cbs22@whu.edu.cn　网址：www.wdp.com.cn)
印刷：武汉市洪林印务有限公司
开本：720×1000　1/16　印张：9.75　字数：136 千字　插页：2
版次：2015 年 2 月第 1 版　　2015 年 2 月第 1 次印刷
ISBN 978-7-307-14846-8　　定价：22.00 元

版权所有，不得翻印；凡购我社的图书，如有质量问题，请与当地图书销售部门联系调换。

总　序

　　创新是一个民族进步的灵魂,也是中国未来发展的核心驱动力。研究生教育作为教育的最高层次,在培养创新人才中具有决定意义,是国家核心竞争力的重要支撑,是提升国家软实力的重要依托,也是国家综合国力和科学文化水平的重要标志。

　　武汉大学是一所崇尚学术、自由探索、追求卓越的大学。美丽的珞珈山水不仅可以诗意栖居,更可以陶冶性情、激发灵感。更为重要的是,这里名师荟萃、英才云集,一批又一批优秀学人在这里砥砺学术、传播真理、探索新知。一流的教育资源,先进的教育制度,为优秀博士学位论文的产生提供了肥沃的土壤和适宜的气候条件。

　　致力于建设高水平的研究型大学,武汉大学素来重视研究生培养,是我国首批成立有研究生院的大学之一,不仅为国家培育了一大批高层次拔尖创新人才,而且产出了一大批高水平科研成果。近年来,学校明确将"质量是生命线"和"创新是主旋律"作为指导研究生教育工作的基本方针,在稳定研究生教育规模的同时,不断推进和深化研究生教育教学改革,使学校的研究生教育质量和知名度不断提升。

　　博士研究生教育位于研究生教育的最顶端,博士研究生也是学校科学研究的重要力量。一大批优秀博士研究生,在他们学术创作最激情的时期,来到珞珈山下、东湖之滨。珞珈山的浑厚,奠定了他们学术研究的坚实基础;东湖水的灵动,激发了他们学术创新的无限灵感。在每一篇优秀博士学位论文的背后,都有博士研究生们刻苦钻研的身影,更有他们导师的辛勤汗水。年轻的学者们,犹如在海边拾贝,面对知识与真理的浩瀚海洋,他们在导师的循循善诱下,细心找寻着、收集着一片片靓丽的贝壳,最终把它们连成一串串闪闪夺目的项链。阳光下的汗水,是他们砥砺创新的注脚;面向太阳的远方,是他们奔跑的方向;导师们的悉心指点,则是他们最值得依赖的臂膀!

博士学位论文是博士生学习活动和研究工作的主要成果,也是学校研究生教育质量的凝结,具有很强的学术性、创造性、规范性和专业性。博士学位论文是一个学者特别是年轻学者踏进学术之门的标志,很多博士学位论文开辟了学术领域的新思想、新观念、新视阈和新境界。

据统计,近几年我校博士研究生所发表的高质量论文占全校高水平论文的一半以上。至今,武汉大学已经培育出18篇"全国百篇优秀博士学位论文",还有数十篇论文获"全国百篇优秀博士学位论文提名奖",数百篇论文被评为"湖北省优秀博士学位论文"。优秀博士结出的累累硕果,无疑应该为我们好好珍藏,装入思想的宝库,供后学者慢慢汲取其养分,吸收其精华。编辑出版优秀博士学位论文文库,即是这一工作的具体表现。这项工作既是一种文化积累,又能助推这批青年学者更快地成长,更可以为后来者提供一种可资借鉴的范式抑或努力的方向,以鼓励他们勤于学习,善于思考,勇于创新,争取产生数量更多、创新性更强的博士学位论文。

武汉大学即将迎来双甲华诞,学校编辑出版该文库,不仅仅是为武大增光添彩,更重要的是,当岁月无声地滑过120个春秋,当我们正大踏步地迈向前方时,我们有必要回首来时的路,我们有必要清晰地审视我们走过的每一个脚印。因为,铭记过去,才能开拓未来。武汉大学深厚的历史底蕴,不仅在于珞珈山的一草一木,也不仅仅在于屋檐上那一片片琉璃瓦,更在于珞珈山下的每一位学者和学生。而本文库收录的每一篇优秀博士学位论文,无疑又给珞珈山注入了新鲜的活力。不知不觉地,你看那珞珈山上的树木,仿佛又茂盛了许多!

李晓红
2013年10月于武昌珞珈山

摘　　要

随着经济的发展和社会的进步,点源污染逐渐被重视和得到治理,使得面源污染在环境污染中所占的比例越来越大,已成为世界范围内地表水和地下水污染的主要来源,而农业面源污染是面源污染的最主要组成部分。我国是一个农业大国,化肥施用量大,但化肥利用率低,大量的肥料成分通过地表径流的途径进入水体引起地表水体富营养化,也浪费资源,因此进行地表径流溶质的流失规律研究具有重大意义。

本文总结了农业面源污染的现状,对土壤中溶解性溶质的地表径流迁移理论的国内外研究进展进行概述,对地表径流溶质迁移的数学模拟方法进行分类和比较,本文同时也概述了反演方法的研究进展及其应用情况。分析了地表径流溶质迁移理论的发展趋势和数值方法目前存在的主要问题,在前人研究成果的基础上,针对地表径流产生前存在积水层的问题,采用非完全混合理论为基础的地表径流迁移模拟的数学分析基础框架。

在考虑地表积水的条件下,将整个研究系统视为地表积水－径流层和土壤混合区,通过与地表径流有关的非完全混合参数、与土壤入渗率有关的非完全混合参数和土壤混合层深度参数,建立了简单的二层非完全混合模型,其中与土壤入渗率有关的非完全混合参数表示为土壤混合层底部溶质的向下入渗和向上的弥散的综合占入渗的比例,即在土壤混合层底部的净流失率,避免了复杂的弥散项。在与土壤入渗率有关的和与地表径流有关的非完全混合参数为常数的假定下,得到了从降雨开始到地表产生径流期间,不同降雨阶段中土壤混合层中溶解性以及吸附性溶质的地表径流浓度的解析解。

通过室内模拟降雨试验验证了本文提出的地表径流中溶解性溶

质的迁移预测模型。本文详细地介绍了室内模拟降雨土槽试验装置,从试验土壤的准备以及模拟降雨试验操作等过程及不同土壤模拟降雨试验状况下的试验参数,都做出了详细的描述,通过收集和观测模拟降雨过程中地表径流的溶解性溶质浓度数据,验证了本文中提出的地表径流中溶解性溶质迁移的解析模型,证明本文提出的二层解析模型是正确有效的,此模型不仅可以应用到初始非饱和土壤中去,还可以通过简化应用到初始饱和土壤中去,并分析讨论了二层简单模型中非完全混合参数和土壤混合层深度参数对模型预测的影响,即对模型中的参数进行了敏感性分析,由研究结果本文相应地提出了降低土壤中溶解性溶质的地表径流流失措施。本文还将模型扩展到线性吸附性溶质的地表径流迁移过程中去,由敏感性分析探讨了土壤物理参数和模型参数对溶质地表径流迁移流失过程的影响,研究结果表明:非饱和土的吸附性能越强,土壤溶质迁移流失到地表径流水的能力也将越强;土壤干容重越大,土壤溶质的地表径流迁移的流失量将减小;增大土壤的初始体积含水率,将会加强土壤溶质的地表径流运移作用。

本文对所有的室内模拟降雨试验观测数据进行了分析整理,对不同条件下的试验数据进行了全面的分析,对土壤中溶解性溶质通过地表径流和地下排水等不同途径流失进行了分析总结,从试验角度讨论并研究了降雨过程中农田中积水层的存在以及降雨强度、排水条件、试验土壤的初始体积含水率以及试验土壤类型等不同因素对溶解性溶质地表径流流失和地下排水流失的影响。试验结果表明:在相同条件下,暴雨强度下既存在地表径流与积水,又存在地下排水时,土壤溶质仅有小部分流失到地表径流水中,而流失在地下排水中的溶质占土壤溶质损失总量的主要成分。因此,当不能同时采用降低地表排水和地下径流的方法来提高土壤溶质的有效利用率时,应首先考虑减小地下排水的途径。而在暴雨范围内,降雨强度越小、地下排水条件越好、土壤质地越粗、土壤初始体积含水率越低等都将引起土壤溶质在地下排水和地表径流中流失的质量增大,从而降低土壤溶质的有效利用率。

论文对提出的二层简单模型参数进行了识别,本文介绍了一种识别与土壤入渗率和地表径流有关的非完全混合参数的方法,且在土壤混合层深度参数为常数,而在地表径流产生前,非完全混合参数被假定为常数且其值等于产生地表径流时的值,并且由识别结果分析讨论了非完全混合参数随时间的变化情况。研究结果表明,增大地表最大积水深度和降低试验土壤的初始体积含水率都将增大溶质的向下入渗流失,且由于溶质浓度梯度,将增大土壤混合层底部的向上弥散作用,相应的与土壤入渗率有关的非完全混合参数值也将降低;在地表径流期间,当初始体积含水率达到饱和体积含水率时,与土壤入渗率有关的非完全混合参数将随着时间减小;对于初始非饱和试验土壤,与地表径流有关的非完全混合参数值将随着时间减小;对于初始饱和试验土壤,由于入渗水将随着时间降低地表径流和土壤混合层之间的溶质浓度梯度,因此与地表径流有关的非完全混合参数值将随着时间增大;随着土壤入渗率的增大,地表径流中的溶质浓度将降低;如果与地表径流有关的非完全混合参数值需要前面满足小于等于1的要求,则前面提出的二层简单模型在抑制排水的条件下是无效的。

应用反演方法(数据同化)研究了地表径流中溶解性溶质的迁移预测模拟过程,反演了模型参数并更新地表径流中溶解性溶质的预测值。本文中以集合卡尔曼滤波模型为反演模型,将前面提出的二层简单模型作为预测地表径流中溶解性溶质迁移的正演模型,通过同化观测得到的地表径流中溶解性溶质的浓度值来更新二层简单模型中的与地表径流和土壤入渗率有关的非完全混合参数和土壤混合层深度参数,并改进地表径流中溶解性溶质浓度的预测值。为了避免由集合卡尔曼滤波方法引起更新的模型参数和地表径流溶质浓度的预测值违背物理意义,在应用集合卡尔曼滤波之后,一些限制条件被强加到更新的非完全混合参数和土壤混合层深度参数中去。通过比较在参数为常数时的解析解和集合卡尔曼滤波得到的结果,发现后者的模拟结果和观测数据更接近,这表明由集合卡尔曼滤波得到的预测结果比常数参数时的解析解更准确。通过对集合数目大小的分析表明,100个实现或者集合数目将足够适合来预测地表径流中溶解性溶质的浓度。集合卡尔曼滤波方法也被应用到初始非饱和与饱和状态下的沙土和壤土试验结果的分析研究,将其结果与没有应用数据同化方法得到的结果进行比较,发现集合卡尔曼滤波方法显著地改进了对土壤中溶解性溶质迁移到地表径流的预测,其结果和观测值很接近,而扩展的卡尔曼滤波方法和观测值不接近。同时,更新的模型参数在物理意义上更合理一些。然而,依然需要进行进一步的研究来改进模型,使得模型参数为常数。

最后,本文对研究成果进行了归纳总结,提出模型需要进一步完善的地方,从不同角度出发提出模型未来的发展方向。

关键词:地表径流迁移;初始饱和－非饱和;溶解性溶质;二层解析模型;非完全混合参数;土壤入渗率;数据同化;集合卡尔曼滤波

Abstract

Point source pollution has been concerned and managed as economy developes, which makes the non-point source pollution plays a more and more important place in the environmental pollution and becomes the main source of pollution for the surface and sub-surface water pollution in the world. Agricultural non-point source pollution is the main part of the non-point source pollution. Our country is a big agricultural state, and a great amount of fertilizers are applied to the fields. But the rate of utilization is very low, and a lot of fertilizers go to water system through the surface runoff, which results in eutrophication for the surface water system and waste of resources. Therefore, it is of great significance to study the loss rule of the soil chemical transfer into the surface runoff.

First of all, this dissertation summarizes the present condition of the agricultural non-point source pollution and reviews the development history of theory study on the transfer of the soluble chemical in soil into the surface runoff. Various mathematical modeling methods of the soluble chemical transfer in the surface runoff are sorted and compared. At the same time, one of the inverse methods called the data assimilation method is also summarized and reviewed. The direction of the theory for the soluble chemical transfer and the main problems existing in the present mathematical mehods are analyzed. Based on the study results by many researchers, the incomplete mixing theory as the basic mathematical analysis method, is applied to the modeling for the transfer of the soluble chemical in the soil into the surface runoff, considering the ponding water on the soil surface before the beginning of the surface runoff.

Abstract

    Secondly, this dissertation considers the surface ponding water, and the surface runoff-ponding layer and soil mixing zone are considered as the whole study system. The simple two-layer incomplete mixing model is developed, including the infiltration rate related and surface runoff related incomplete mixing parameters and the parameter for the soil mixing depth. The infiltration rate related incomplete mixing parameter is the percentage of the "net" chemical flux after abstracting the upward mass diffusion, and it means "net" chemical flux from the soil mixing zone into the underlying soil layer by the infiltration water. This method avoids the complex diffusion process. Based on the assumption that the infiltration related and surface runoff related incomplete mixing parameters are constant, the analytical solutions to the soluble and non-soluble chemical concentration in the soil mixing layer at different rainfall periods after the beginning of the surface runoff are provided.

    Thirdly, the proposed prediction model for the transfer of the soluble chemical in the surface runoff from the soil is verified by the laboratory simulated rainfall experiments. This dissertation introduces the schematic of experimental set-up for the laboratory simulated rainfall experiments in detail, including the preparation for the experimental soil, operation of the simulated rainfall and different experimental parameters under different soil conditions. The proposed analytical model of the soluble chemical transfer from the soil into the surface runoff has been verified by the observed data of the soluble chemical concentration in the surface runoff during the simulated rainfall period. It is found that the proposed two-layer analytical model is valid and accurate. The model can not only be applied to the initially unsaturated soil, but can also be applied to the initially saturated soil with some simplifications. The effects of the incomplete mixing parameters and the depth of the soil mixing layer on the model prediction for the simple two-layer model are analyzed and discussed. After the sensitivity analysis of the model parameters, some methods to decrease the transfer of the soluble chemical in the soil into the surface runoff are proposed with the study results correspondingly. The model is extended to the linear non-soluble chemical transfer from the soil into the surface runoff, and the influences of diffemet soil properties on the chemical transfer from soil into surface runoff were discussed by sensitive analysis for some parameters of the unsaturated soil in the model and experiments. It is found that soil with greater bulk density will decrease soil chemical transfer to surface runoff, while higher adsorptivity and higher initial volumetric water content of unsaturated soil will reinforce the ability of soil chemical transfer to surface runoff.

Fourthly, all the observed data during the laboratory simulated rainfall are analyzed in this dissertation. The loss of chemical in the soil into the subsurface drainage and surface runoff under different conditions for the experiments are discussed and analyzed. From the view point of the experiments, the effects of the various factors such as the initial volumetric water content, the rainfall intensity, experimental soil type and the drainage condition of the experimental soil on the soluble chemical loss in the subsurface drainage and surface runoff. It is found that with both subsurface drainage and surface runoff, most lost chemical of soil was in the subsurface drainage water while only a small part of the lost chemical of soil was in the surface runoff water under the same situations. So it is better to consider about reducing the subsurface drainage to enhance the utilization of the chemical of soil at first if the methods that reduce surface runoff water and subsurface drainage water can not be adopted at the same time. And within the intensity of rainstorm, the less initial volumetric water content of soil, the greater rainfall intensity, the coarser sandy soil, the better condition of subsurface drainage and the more chemical mass loss to subsurface drainage water and surface runoff, which reduces chemical efficiency of soil.

Fifth, the parameters of the simple two-layer model are identified in this dissertation. A method is introduced to find out the variable incomplete infiltration-related parameter and runoff-related parameter on the basis of both the analytical solution to the proposed model with the observed experimental data. The value of the depth of the soil mixing layer is constant during all the time for each experiment, and the values of the incomplete infiltration-related parameter and runoff-related parameter keep unchanged before the surface runoff takes place and their values are the same as the values at the moment the runoff starts. According to the analysis of the identified results, it is found that the incomplete infiltration-related parameter will decrease with the time after the surface runoff starts. Our study results indicate that the variability of the infiltration-related incomplete parameter will decrease during the surface runoff when the initial volumetric water content approaches the saturated water content. With the increase of the ponding-water depth, on the soil surface and decrease of the less initial volumetric water content, the chemical leached by the infiltration water will increase, and the upward diffusion will increase at the bottom of the soil mixing layer due to the chemical concentration gradient, the incomplete infiltration-related parameter will decrease correspondingly. Similarly, the incomplete runoff-related parameter will decrease with time for the initially unsaturated experimental soils, but will increase with time for the initially saturated experimental soils because the decrease of chemical gradient with time between the surface runoff and the soil mixing layer by infiltration water. With the increase of the infiltration, the chemical concentration in the surface runoff will decrease. It should be pointed out that the proposed analytical model is not valid for the condition without any infiltration if the incomplete runoff-related parameter is still expected to be less or equal to 1 as proposed in the dissertation.

Sixth, one inverse method called the data assimilation method is applied to the prediction model for the soluble chemical transfer from the soil into the surface runoff, and the model parameters are inversed while the predicted data of the soluble chemical concentration in the surface runoff are improved. One of the data assimilation methods named the ensemble Kalman filter (EnKF) is considered as the inverse model, while the proposed

Abstract

simple two-layer model for the soluble chemical transfer from the soil into the surface runoff is considered as the forward model. The predicted data of the soluble chemical in the surface runoff, the incomplete runoff-related parameter, infiltration-related parameter and the depth of the soil mixing layer are updated and calibrated simultaneously by assimilating the observed soluble chemical in the surface runoff via the EnKF method. To avoid the violation of the physical laws produced by the EnKF, some constraints have been posed to the updated parameters, including the incomplete runoff-related parameter, infiltration-related parameter and the depth of the soil mixing layer after EnKF application. Compared to the analytical solution with constant parameters in the simple two-layer model, the simulation by the EnKF is much closer to the observed data, which suggests that prediction by the EnKF is much more accurate than the analytical solution with constant parameters. Analysis for the ensemble size suggests that 100 realizations will be suitable enough for the prediction of the soluble chemical transfer from the soil into the surface runoff. The developed EnKF is also applied to experimental results for sand and loam soils under initially unsaturated and saturated conditions, respectively. In comparison with the calculation without data assimilation, the EnKF method significantly improves the calculation for the solute transfer from soil to surface runoff and much closer to the observations while the EKF method does not. At the same time, calibrated parameters are more reasonable to the physical process. However, it still needs our further work to improve the model, where the parameters should be constant.

At last, some conclusions and summarizations of the study results are made in this dissertation, and some problems that need further improvements are also proposed. Further research work is also issued.

Key words: surface runoff transfer; initially saturated-unsaturated; soluble chemical; two-layer analytical model; incomplete mixing parameter; soil infiltration rate; data assimilation; ensemble Kalman filte

目　录

引　言 ··· 1
第 1 章　绪　论 ·· 3
　1.1　研究背景及意义 ··· 3
　　1.1.1　农业面源污染 ··· 3
　　1.1.2　选题背景 ·· 6
　1.2　地表径流溶质流失的国内外研究现状 ··················· 6
　　1.2.1　地表径流的研究 ·· 7
　　1.2.2　地表径流溶质流失的试验及其影响因素
　　　　　研究 ·· 8
　　1.2.3　地表径流溶质流失的理论模型研究 ············· 10
　　1.2.4　数据同化方法的研究 ································· 12
　1.3　本文的研究工作 ·· 13
第 2 章　溶质地表径流模型的建立 ································ 15
　2.1　模型的描述 ··· 16
　　2.1.1　模型溶质质量关系的描述 ··························· 16
　　2.1.2　模型过程的分解 ·· 17
　2.2　α 和 γ 为常数时的模型求解 ······························ 18
　　2.2.1　第一阶段（Ⅰ）的求解 ································ 18
　　2.2.2　第二阶段（Ⅱ）的求解 ································ 18
　　2.2.3　第三阶段（Ⅲ）的求解 ································ 19
　　2.2.4　第四阶段（Ⅳ）的求解 ································ 21
　2.3　α 为常数 γ 随时间线性减小时的模型求解 ········ 23
　　2.3.1　第二阶段（Ⅱ）的求解 ································ 24
　　2.3.2　第三阶段（Ⅲ）的求解 ································ 24
　　2.3.3　第四阶段（Ⅳ）的求解 ································ 25

目录

2.4 α 和 γ 为常数时吸附性溶质的地表径流流失 …… 26
2.5 小结 …… 28

第3章 溶质径流流失试验研究及模型验证 …… 29
3.1 试验方法介绍 …… 29
3.1.1 试验土槽装置 …… 29
3.1.2 降雨器模拟装置 …… 30
3.1.3 供水装置 …… 31
3.1.4 试验土槽填土 …… 32
3.1.5 径流排水溶液取样 …… 33
3.1.6 溶液中可溶性盐的测定——电导法 …… 33
3.2 模型的验证 …… 36
3.2.1 α 和 γ 为常数时模型的验证 …… 36
3.2.2 α 或 γ 不为常数时模型的理论验证 …… 40
3.2.3 模型的试验验证 …… 47
3.2.4 小结 …… 55
3.3 非饱和土壤的不同特性对土壤溶质地表径流流失的影响 …… 55
3.3.1 非饱和土壤的吸附性能对土壤溶质径流流失的影响 …… 55
3.3.2 非饱和土壤的容重对土壤溶质径流流失的影响 …… 56
3.3.3 非饱和土壤的初始含水率对土壤溶质径流流失的影响 …… 57
3.3.4 小结 …… 59

第4章 试验结果的分析研究 …… 61
4.1 试验结果的分析与讨论 …… 61
4.1.1 土壤初始体积含水率对溶质流失的影响 …… 64
4.1.2 降雨强度对溶质流失的影响 …… 66
4.1.3 土壤质地对溶质流失的影响 …… 68
4.1.4 排水条件对溶质流失的影响 …… 69
4.2 小结 …… 71

目 录

第5章 模型参数的识别 ·· 73
- 5.1 非完全混合参数的识别方法 ······································ 73
- 5.2 试验条件简介 ··· 75
- 5.3 参数识别结果 ··· 75
  - 5.3.1 壤土试验结果分析 ··· 76
  - 5.3.2 沙土试验结果分析 ··· 88
  - 5.3.3 壤土和沙土试验结果分析的比较 ····················· 89
- 5.4 小结 ·· 90

第6章 数据同化方法的应用 ··· 91
- 6.1 数据同化的基本概念 ·· 91
- 6.2 卡尔曼滤波 ·· 92
- 6.3 扩展卡尔曼滤波 ·· 93
- 6.4 集合卡尔曼滤波 ·· 95
- 6.5 集合卡尔曼滤波在地表径流溶质预测中的理论应用 ······ 97
- 6.6 集合卡尔曼滤波在地表径流溶质预测中的应用 ······· 101
  - 6.6.1 沙土试验 ·· 102
  - 6.6.2 壤土试验 ·· 108
- 6.7 小结 ·· 112

第7章 总结与展望 ·· 114
- 7.1 研究内容总结 ··· 114
- 7.2 主要创新点 ·· 116
- 7.3 展望 ··· 116

参考文献 ·· 118

致 谢 ··· 136

引 言

20世纪90年代以前,人类对环境污染的关注主要集中在工业点源污染上[1]。目前,农业面源污染已经成为中国土壤污染、空气污染和流域性水体污染的重要来源。在中国水体污染严重流域,由城乡结合部的生活排污以及农田而造成流域水体氮、磷素营养化已超过了来自工业点源污染和城市地区的生活点源污染[2]。随着近年来人口的增加,粮食需求和资源开发利用进一步扩大,由农业生产发展及资源不合理开发导致的农业面源污染也逐年恶化。据2010年2月全国污染普查公报,全国主要污染物排放总量中,总氮472.89万吨,总磷42.32万吨,化学需氧量3028.96万吨;其中,农业污染中,总氮270.46万吨,总磷28.47万吨,化学需氧量1342.09万吨,分别占全国总量的57.19%、67.27%和43.17%。面源污染成为水环境污染的一个重要因素,对水体的影响也日益显著,更值得重视的是,这种趋势正在加速发展。

所谓面源污染,主要是指固体或溶解性污染物在大面积降水和径流冲刷作用下汇入受纳水体而引起的水体污染,其主要来源包括城市径流、水土流失农业化学品过量施用、禽畜养殖和农业与农村废弃物等[3],总的来说是污染物以微量的、分散的、广域的形式进入地表及地下水体[4]。因此,一般来说,面源污染主要指农业面源污染。

农业面源污染是指:在农业活动中,农田中的农药、氮素和磷素等营养物质、土粒以及其他一些无机或有机污染物质,在灌溉或降水的过程中,大量污染物随农田的径流、地下渗漏和排水进入水体,造成的水环境污染,主要包括化肥农药污染,污水灌溉以及农田土壤的侵蚀等等。从本质上来看,农业面源污染的产生、迁移和转化是污染物从土壤圈向其他圈层,尤其是水圈的扩散过程[1],包括两个方面,一是污染物在外界条件下(降水、灌溉等)从土壤向水体扩散的过程,二是污染物质在土壤圈内的行为。

与点源污染相比,农业面源污染的发生具有更大的不确定性和随机性,污染的时空范围更广,涉及区域地形地貌、土地利用、水文特征、气候、天气以及人们生产活动等各种因素,使得农业面源污染的污染形成的过程、污染成分更加复杂,给环境污染研究、治理和控制带来更大难度[5]。

多年以来,环境科学家们逐渐认识到农业生产是水环境污染的主要来源之一,尤其是田间地表径流中的养分、盐分、病原体、农药及其他污染物进入地表水,破坏水生物和水体生态系统,损害人畜健康,危害饮用水安全,影响经济发展[6]。据相关统计,60%以上的地表水环境恶化问题主要是由农业径流活动引起的[7]。由于农业面源污染的隐形危害,大家发现流域内的点源污染得到有效控制后,海湾、湖泊等的水质并没有得到有效改善,并有进一步恶化的势头[8]。这种已存在和潜在的威胁已受到世界各国的高度重视,控制面源污染已经成为改善水环境的首要任务,尤其是化肥、农药的大量不合理使用,及对地表径流的生态和水质的破坏。

尽管已经有很多学者对农业地表径流进行研究,但是对于灌溉田间,污染物在降雨径流的作用下,从土壤向径流的迁移规律研究较少,因此,本文将通过理论模型和试验方法,对灌溉田块污染物随地表径流迁移的规律进行研究,为减小农业面源污染提供参考。

第1章 绪　　论

1.1 研究背景及意义

1.1.1 农业面源污染

面源污染自20世纪70年代被提出和证实以来对水体污染所占分量随着对点源污染的有效治理呈上升趋势,已成为世界范围内地表水和地下水污染的主要来源,全球30%~50%的地球表面已受到面源污染的影响[9]。与点源污染相比,面源污染的不确定性更大,时空范围更广,更难以控制,过程和成分更复杂,而农业面源污染是面源污染的最主要组成部分,重视农业面源污染是国际大趋势[10]。在美国,自从20世纪60年代以来,虽然点源污染逐步得到了控制,但是水体的质量并未因此而有所改善,农业面源污染源对水环境的污染影响最大,据统计,农业面源污染占湖泊和河流富营养问题的60%~80%,人们逐渐意识到农业面源污染在水体富营养化问题中所起的作用[11]。经统计,面源污染约占总污染量的2/3,其中农业面源污染的比重为面源污染总量的68%~83%。农业面源污染问题日益突出,开展相关研究寻求解决面源污染治理的措施和方案尤为必要[8]。

农业面源污染(ANPSP)是指在农业生产活动中,农田中的营养盐、泥沙、农药及其他污染物,在灌溉或降水过程中,通过农田地表径流、农田排水、壤中流和地下渗漏,进入水体而形成的面源污染。这些污染物主要来源于农田施肥、畜禽及水产养殖、农药和农村居民。农业面源污染由于其污染物的分散性、广域性,污染物运移途径的无序性,相对微量性,而具有潜伏周期长、机理模糊、危害大等特点,从而导致农业面源污染成为目前国内外环境污染控制和治理的难点,也成为我国新农村建设尤其是环境建设的最大困难。农业面源污染是分布最为广泛且最为重要的面源污染,农业生产活动中的农药、氮素和磷素等营养物以及其他无机或有机污染物,通过农田地表径流和农田渗漏形成地表和地下水环境污染[12]。

近年来,化肥、农药、农膜等农用化学物质的大量使用,对促进农民增收、农业增产和解决我国粮食自给做出了突出贡献。但与此同时,也引起了极其严重的农业面源污染。当喷施的农药是粉剂时,仅有10%左右的药剂附着在植物体上,若是液体时,也仅有20%左右附着在植物体上,1%~4%接触目标害虫,5%~30%漂浮在空中,40%~60%降落到地面,因此,总体平均约有80%的农药直接进入环境[13-14]。存在于土壤和漂浮在大气中的农药经过降水、地表径流和土壤渗滤进入水体中,最后导致水环境质量的恶化。20世纪70年代以有机氯为主的高毒高残留农药的施用,给农业生态环境造成了严重污染。到80年代尽管已完全停止使用有机氯农药,但至今一些地区的土壤中仍能检出DDT、六六六等物质。此外,化肥导致个别蔬菜中亚硝酸盐和硝酸盐严重超标,地膜覆盖造成的"白色污染"等状况也非常严重。

农药和化肥的大量流失,不仅使土壤流掉了大量养分,土壤肥力资源损失,生产力减退,同时由于这些污染物都含有大量氮、磷和有机物,进入水体后会引起地面水的富营养化,造成水体由好氧分解变为厌氧分解,使得水质变臭,严重影响鱼类和其他水生物的生存。农药化肥进入饮用水源区,可导致其受到污染,影响人体健康。长期饮用被农药和化肥污染过的水,可导致慢性中毒,会有头晕、头痛、视力模糊等症状,严重中毒时会引起肾、肝等被损害[15-16]。因此,农业生产活动所导致的面源污染业已引起社会各界的广泛关注。

2003年美国环保局调查结果显示,农业面源污染是美国湖泊和河流污染的第一大污染源,引起约40%的湖泊和河流水体水质不合格,是河口污染的第三大污染源,是造成地下水污染和湿地退化的主要原因[17]。在欧洲,农业面源污染同样是造成水体污染的首要来源。农业已经成为整个美国的河流污染的第一污染,农业面源污染占污染总量的46%~56%[18-20]。丹麦的270条河流中52%的磷负荷和94%的氮负荷是由农业面源污染造成的[21]。瑞典的不同流域来自农业活动的氮的比重是流域总输入量的60%~87%[22],且瑞典西海岸德拉霍尔姆湾,来自农业的氮负荷的比重是流域总输入量的84%~87%[23]。在爱尔兰,在流域范围内并没有显著的点源污染,但其有约60%的富营养化湖泊[24-25]。荷兰来自农业面源污染的总磷、总氮分别占水环境污染总量的40%和60%[26]。芬兰20%的湖泊水质恶化,而农业面源排放的氮素和磷素在各种污染源中所占分量最大,且为总排放量的50%以上,各流域内高投入农业比重大的湖区更容易导致氮和磷等营养物质的富集[13,27]。

然而,我国农业面源污染的形势也非常严峻。通过对闽江中上游流域福建省内的25个县(市)的农业面源污染源进行调查分析,大家发现氮和磷是该流域水体污染的主要污染物,而农田水土及其养分流失排在污染源的第一位,其污染率指数为45.78%,是闽江中上游流域的农业面源污染的首要污染源[28]。以2008年为例,中国竟有近氮肥总产量的四分之一流失到农田之外,不仅无助于提高粮食生产,更是引起污染的主要来源[29]。据研究,我国湖泊的氮和磷的50%来源于农业面源污染[30],杭州湾水体中氮污染负荷的80%来自农业生产活动[31-33],北京密云水库、云南洱海及滇池和安徽巢湖等地区的地表水体,绝大部分面源污染比例都超过点源污染[34-35]。太湖是我国第三大淡水湖泊,流域面积36500km^2,全湖面积2338km^2,近年来,太湖水的富营养化问题日趋严重,并仍呈现出逐年上升的趋势,太湖的主要污染指标为总氮和总磷[8,36]。大量的化肥和农药的施用和流失成为主要的农业面源污染。在农业生产上,化肥的有效利用率只占施用量的30%~40%,而60%~70%被流失掉[37]。有资料表明,中国钾肥和磷肥的利用率分别为35%~50%和10%~20%,而氮肥利用率仅为30%~35%,低于发达国家15~20个百分点[38]。通过综合各地的试验结果,人们发现中国每年农田氮肥的损失率是33.3%~73.6%,平均总损失率约60%[39]。

1.1.2 选题背景

我国是世界上施用氮肥最多的国家之一,年均每公顷耕地使用标准化肥达 300kg。在良田地,平均施用化肥 141kg/hm^2(以 N 计),而磷肥施入土壤后 2 个月内,65% 以上变成不溶性磷,主要是 Ca-P、Fe-P、Al-P 的形式,通过径流的途径而流失[40]。大量的资料表明,氮素损失高达 55%,作物对肥料的回收率很少超过 50%,水土流失地区肥料的损失率更高。在美国,氮素流失引起的损失高达 10 亿美元,且美国对 Polomoc 河口湾的氮和磷来源的调查和研究发现,31% 的氮和磷来自农业地表径流活动。

施入到农田中的肥料,首先蓄存在土壤的表层,在灌溉或降雨期间,一部分随土壤水流的入渗进入非饱和带和地下水中,导致地下水体污染。当来水量大于土壤表层的入渗能力或田间土壤达到饱和时,地表将会存在多余的水量,或形成地表积水,或形成地表径流,肥料随着地表径流进入河流或湖泊而引起地表水体的污染。地表径流所引起的肥料流失和面源污染已是农业环境污染的主要部分,本文依据国家自然科学基金重点项目——"灌溉排水条件下农田氮磷转化、运移规律与控制措施"第三子课题"灌溉排水条件下田块氮磷地表径流流失规律"进行选题。目前大部分关于溶质随地表径流迁移而引起面源污染的模型研究主要从较大尺度和宏观角度开展,而对于灌溉田间,污染物通过降雨径流的途径,从土壤向径流的迁移规律研究还较少,因此,本文通过理论模型和室内试验方法,对灌溉田块中污染物随地表径流迁移的规律进行研究。

1.2 地表径流溶质流失的国内外研究现状

在日常的农业生产中,施用到农田土壤一定深度下的肥料或农田表面或者加入到灌溉水中的肥料或农药等,都可能通过农田地表径流水的途径而流入到江河湖海中去,不仅从经济上造成肥料资源的损失,而且对环境产生不良影响,引起环境污染,因此已经引到了国内外很多学者的注意[41-70]。

1.2 地表径流溶质流失的国内外研究现状

农田化学物质地表径流污染物发生的随机性、污染负荷的时空差异性、排放途径及排放污染的不确定性、机理过程的复杂性等这些特征,决定了溶质的溶出是研究的难点,也是本文研究的重点。仅仅利用自然降雨来研究径流养分的损失,试验周期长,不容易控制,困难很多,而利用模拟降雨-径流试验则可以控制降雨时间和降雨强度,为解决这一问题提供了有效的方法,因此,虽然国内外有一部分学者采用实测自然降雨,但是更多的学者采用模拟降雨的试验方法从不同角度来研究农田旱地径流肥料流失规律。

1.2.1 地表径流的研究

地表径流是溶质流出的载体,因此对地表径流进行研究是对溶质溶出进行研究的基础。旱地没有田埂阻拦,灌溉和降雨比较容易形成径流,而灌溉稻田的田面平整,有田埂围护,紧实的犁底层起到阻隔作用,因此只有在有足够的雨量时才产生田间径流[71-72],田中大部分有田面水层覆盖,保护田面不直接受雨水打击,减少了表层土壤的溅蚀作用,水土流失量相对较小。但是稻田开沟降低地下水位,破坏了犁底层,增加氮磷的流失量。

地表径流的产生与土壤入渗率直接有着密切的关系,因此很多学者从土壤入渗率的角度来对地表径流进行研究。有的人同时模拟了平原上的土壤入渗和地表径流[73],有的人讨论了是否把多余的降雨看作与水流深度无关的问题来考虑地表径流[74],而有的人则研究了在考虑忽视土壤入渗率与地表水流深度的关系时的地表径流预测误差,且他们发现忽视它们之间的关系引起的地表径流预测模拟误差很小[75]。而有的学者则通过观测小地块的连续降雨径流来分析讨论了农田中土壤的入渗性能[76]。

也有很多学者直接建立理论模型来研究地表径流,如有的学者描述了评估乡村暴雨径流的解析模型的发展状况[77],而有的学者概括并检测了一个简单的用来模拟湿林地区的暴雨径流物理分布的降雨径流模型[78]。有的学者则通过小波压应力和有效的非线性模型来模拟降雨径流的过程[79]。

1.2.2 地表径流溶质流失的试验及其影响因素研究

很多学者从试验角度来对地表径流中的溶质流失进行研究,有人用试验检验了低坡度的地表径流中的溶质运移[80],有人研究了施放大面积肥料的农田中氮、磷的地表径流流失状况[81]。有人研究了模拟降雨条件下农田氮素流失过程,结果表明,农田暴雨径流氮养分的流失量与累积径流量成正相关,施用化肥(碳铵)后,溶解态氮所占比例从未施用化肥时的4%上升为30%[82]。稳定降雨时的入渗试验表明,初始含水率越高入渗率以及入渗量越小,产生径流量也越多[83],因此在模拟降雨试验中土壤初始含水率最高时径流肥料损失最大,初始含水率最低时最后溶质流失最少[47]。而在侵蚀径流中氮、磷养分与表层土壤相同形态养分之间呈显著正相关[84]。有的学者通过测定降雨径流全过程采样发现,雨前干旱时间越长,径流水体中的总氮含量就越高,径流水体中全氮和硝态氮的浓度随水体流动距离的增加而增大[85]。有的学者通过小区试验研究使用氮肥后稻田水中不同类型的氮素变化过程,发现施肥后氨氮和总氮迅速增加,达到峰值后逐渐下降;硝态氮浓度缓慢增大后逐渐降低,9天后氮素含量很低,故施氮后9天是防止水稻田面水氮素流失的关键时期[86]。有人在抽渭灌区建立了农田生态系统农田排水中氮磷排泄量的数学模型,并对灌区化肥流失量进行了实际计算[87]。

用田间模拟降雨试验研究北京地区农田暴雨径流氮素流失的因素发现,坡地地面径流和侵蚀产沙随着降雨强度的增大而增强,引起氮素的流失量增多,而且化学氮肥容易通过地表径流流失,因此施用化学氮肥增大了农田径流溶解态氮浓度[88]。有人发现在相同地表状况下Na、K的流失量与降雨强度呈正相关[89],而且通过模拟降雨试验结果也表明,增大雨能作用将会增大溶质的输出[49],而有人证实时段最大降雨量与土壤侵蚀呈指数函数关系[90]。可见,减小降雨强度和降低表土速效氮含量是减少农田地表径流氮养分流失的关键,而很多人的试验结果也证明了此结论[41,91]。

通过对滇池东岸地区前4场暴雨的监测表明,同一径流区域暴雨间歇期越长,径流中悬浮物就越多,反之悬浮物浓度就越低。溶解

1.2 地表径流溶质流失的国内外研究现状

性污染物浓度随暴雨场次下降明显,通常初期暴雨中溶解性污染物浓度较高。在旱地的大棚种植区,利用清华大学开发的 IMPULSE 模型对其暴雨径流过程进行研究表明,塑料大棚有增加地表径流量和减少地表侵蚀和面源污染两方面的作用[92]。而单独 1 次降雨过程和整个作物生长周期内,农田径流中的全氮、全磷流失浓度均呈逐渐降低趋势[93]。有的学者通过模拟降雨试验得出地表径流出流浓度随时间下降的结论[41,45],而在饱和自由入渗的土壤中降雨径流 5 分钟后大部分的 Br 已经流出到径流液中[94],通过实地监测多次天然降雨中农田养分的流失,发现 70% 左右的氮素流失发生在监测的前期[95],这些都说明在降雨径流初期氮、磷损失最大。

在太湖流域进行了为期三年的田间试验研究表明,施肥时间和降雨时间等农事活动的间隔越长,磷的年流失量就越小[96]。有人发现施肥后土壤地表径流中总磷的浓度比未施肥前成倍增加,在自然降雨和人工模拟降雨条件下,土壤径流中氮的浓度,都随着质地的变粗而降低;相同施肥量条件下,面施氮肥时土壤径流中氮的浓度和输出量比穴施时明显增大;和裸地相比,种植小麦能明显降低土壤径流中氮的输出量和浓度[97-98]。有学者的研究结果表明,大雨、暴雨、大暴雨容易引起水土流失,采用薄膜覆盖技术或高种植和秸秆等措施可减缓侵蚀程度[99]。而国外有人模拟降雨试验的研究结果也表明,在初始含水率相同时,增加地表植物覆盖或者地表覆盖物会降低径流液中溶质浓度[42,47,49]。由此可见,改善施肥会减小溶解性肥料的流失,合理的基肥比例及追肥次数也可以减小农田氮磷流失量[100]。

通过对农田氮随径流流失的研究表明,控制作物生长早期的氮肥施用量,采用深施的施肥方式和少耕、免耕、水平沟耕作和等高耕作的方式,都可以减少农田氮的流失[101]。有人采用模拟降雨的方法,发现翻耕后的土壤水分入渗量和地表径流量及其径流液中溶质流失量都增大[45],这与地表无覆盖时浅松处理的径流量和入渗量都增大的研究结果相同[91],而溶质流失量的增大很可能是耕作土壤中流作用的结果。有的学者从土壤入渗的影响角度来考虑溶质的地表径流迁移过程[102-103],而有的人则以不同的径流产生途径角度来对地表径流中的溶质迁移过程进行研究[104],也有人将土壤中的溶质运移分为土壤入渗和地表径流部分分别来考虑[105],很多学者已经考虑到土壤入渗的影响[106-108]。

1.2.3 地表径流溶质流失的理论模型研究

已有的关于农田氮素的地表径流流失研究,都只限于总量的分析或者仅仅是地表径流水流的研究,弄清肥料流失的机制可为进一步控制农田径流肥料流失和地表水体富营养化提供科学依据。很多学者主要从土壤养分与降雨的相互作用、土壤养分与径流的相互作用等几个方面进行研究,近几十年国内外也逐渐发展并形成了很多理论模型方程。

要研究土壤溶质的流失机理,首先要从土壤养分与降雨的相互作用开始,其作用表现为:表层土壤养分在雨滴作用下,被雨滴溅蚀或向雨水中释放。刘秉正将溅蚀定义为:降雨雨滴动能作用于地表土壤而作功,产生土粒分散,引起土粒溅起和增强地表薄层径流紊动的现象[109]。而土粒分散,也就是地表土粒脱离原土体的过程称为土壤分离,土壤脱离原土体的过程是相对复杂而又短暂的,此过程也叫作土壤侵蚀[110-112]。由于土壤输移和分离过程紧密结合,在自然条件下往往不易区分,其试验研究有的是在自然状态下,大多数是在人为控制条件下进行的[62,66,113-130]。有人通过改变边界条件,得到地表径流中溶质迁移的解析解[131],也有人利用 DRAINMOD – N 模型研究了自由排水和控制排水条件下硝态氮的流失,研究结果表明,水位控制处理的地表径流量远大于自由排水,但地表径流中硝态氮的损失很小[132]。有的学者根据上海郊区长期的农田降雨径流实测资料,修正了适用于上海郊区农田的降雨径流关系分析方法——SCS法,建立了农田降雨径流污染模型,得出在农田地表径流中,氮素浓度与径流流量呈线性关系的结论[133-134]。

当前,比较流行的用来研究土壤溶质的地表径流流失的理论模型主要分为扩散理论和混合理论两种。扩散理论模型假定溶质运移包括溶质的地表径流迁移符合菲克定律,在土壤表面存在一个稳定的水膜层,溶质由于分子弥散作用通过地表的水膜进入地表径流中去[56,135-136]。很多学者采用溶质的扩散理论模型来模拟地表径流中污染物溶质的流失过程[49,56,137-139]，但这种溶质扩散理论模型在土壤入渗率较高时，其模拟结果不是很理想。且在实际田间操作时，测定扩散模型中参数较困难，几乎无法得到。而测定土壤入渗率的操作相对较容易，因此也有很多学者忽视土壤溶质的扩散作用，从其他角度进行研究，即另外一种比较受欢迎的研究方法——混合理论模型。在降雨过程中，土壤在径流冲刷和雨滴打击的作用下，形成一定厚度的扰动层，称为"混合层"[46-47,56,94,140-145]。混合层以下的溶质不参与径流迁移过程，仅此层内的溶质参与径流迁移过程，所以混合深度决定了土壤溶质参与径流迁移的程度及其溶质存在的范围，同时，它也是研究模拟土壤溶质随地表径流迁移和流失过程必不可少的参数[140]。早期学者一般认为混合层与雨水以及土壤水瞬间完全混合，而且混合层深度随时间没有变化[140]。而有人将一定量的^{32}P放在不同深度的饱和土壤中，装填土壤的土箱底板是透水的，研究表明放置于土壤表层的溶质流入径流水的概率最大，而且随着土壤深度的增大，土壤中的溶质流入径流水的概率呈指数递减。因此，他们提出了有效混合层深度（后也称为土壤混合层深度）的概念[94]，即在这个土壤深度内溶质完全混合且均匀分布，并由试验结果具体提出了计算土壤混合层深度的方法。很多人发现这个完全混合层深度理论有一定的应用局限性[46,56,102]。事实上也有很多学者用非均匀分布或非完全混合理论来模拟溶质从土壤流失到径流中的过程[46-47,94,141,146]。

在国内，有人在黄土高原区利用等效混合深度理论[145]，即假定在产生径流前降雨水与土壤水完全混合，模拟和分析得到地表径流水中溶质浓度变化的基本特性。他们进一步发展了此完全混合理论，分别考虑地表径流作用与土壤水的入渗作用，提出了关于等效径流迁移深度的概念，并应用到国内黄土高原地区[143]。

然而，前面的学者一般以初始饱和土壤并在无积水层的状况下为研究对象，而没有考虑到在地表产生径流之前，必须满足地表将存在一定深度的积水层的条件，或者在大部分情况下，在降雨前土壤是初始非饱和的。

1.2.4 数据同化方法的研究

由于技术和经济条件的限制,经常不能得到足够的试验数据,无法很好地得到模型参数,因此,需要借助于反演方法——根据有限的观测数据不断更新模型参数和模型预测。随着技术水平的提高,可以得到更多的观测数据,但是从这些技术得到的观测数据通常和模型参数无直接联系,观测数据有不同类型,而模型参数正是大家比较关心的关键问题。因此,有必要建立一些方法来动态地调和这些不同类型的观测数据,数据同化方法是解决此问题的一种重要理论工具。

数据同化方法起源于气象海洋专业[147-148],用来改进气象预测和海洋动态预测[149-154]。数据同化方法已经被应用到许多研究领域[155-161],在地球物理上,数据同化方法通过同化地球物理观测数据来表征媒介的非均质性[162-163],数据同化方法还被应用到石油工业[164]。

传统的卡尔曼滤波方法是一种有效的顺序数据同化方法,主要适用于服从高斯误差分布的线性动态变量和观测量[165-173]。为了同化数据到非线性动态变量和观测量中去,扩展的卡尔曼滤波方法诞生了。然而,扩展的卡尔曼滤波方法不适用于强烈的非线性问题,且对于大型系统,此方法在电脑计算上不可行。

为了克服这些局限性,一些学者提出了集合卡尔曼滤波方法。有人发现集合卡尔曼滤波是卡尔曼滤波的一种蒙特卡罗形式,是由一组平行预测组成且有数据同化循环[174]。在一系列的数据同化过程中,由短期预测得到的数据统计被用来评估背景误差协方差。而且,基于集合的技术有两个地方优于传统的扩展卡尔曼滤波方法:(1)集合卡尔曼滤波方法通过一些有限数目的随机样本来计算误差协方差,扩展的卡尔曼滤波方法用非线性模型的切线和伴随矩阵来产生,对于高维模型来说,其电脑计算量较大,因此集合技术的计算代价明显较小;(2)集合卡尔曼滤波的误差协方差是由全非线性模型状态产生的,而扩展卡尔曼滤波通过线性假定得到,因此在计算精度方面,前者较准确。

集合卡尔曼滤波方法不仅可以通过同化观测数据来更新模型参数,还会改进模型预测的状态变量。在水文研究领域,集合卡尔曼滤波方法主要应用在地下水流动和地下水溶质运移上[175-176],几乎从未应用到地表径流的溶质运移上。因此,本文将应用集合卡尔曼滤波方法到地表径流溶质的预测模型中去,通过同化观测到的地表径流中的溶质浓度值,来更新模型中的非完全混合参数。

1.3 本文的研究工作

本研究以灌溉农田中氮磷流失规律为研究对象,建立模型和进行室内地表径流模拟试验,目的是探讨不同灌溉模式和水分利用条件下氮磷的地表径流流失规律,提出相应的减少灌溉农田氮磷流失的途径。主要内容包括:

(1)建立理论模型框架,在考虑地表积水的条件下,将整个研究系统限制在地表积水-径流层和土壤混合区,通过与地表径流有关的非完全混合参数、与土壤入渗率有关的非完全混合参数和土壤混合层深度参数,建立了简单的二层非完全混合模型。在与地表径流有关的和与土壤入渗率有关的非完全混合参数为常数的假定下,得到了从降雨开始到地表产生径流期间,不同降雨阶段中土壤混合层中溶解性溶质浓度的解析解。同时,考虑到模型中的非完全混合参数在物理意义上会随时间变化,将参数考虑为随时间变化的变量,得到不同阶段中地表径流的溶质浓度值,为研究地表径流中的溶解性溶质流失规律提供理论模型基础,并为减小地表径流的溶质流失提供理论措施,为降低农业面源污染提供参考。本文还将理论模型扩展到简单的线性吸附性溶质,为研究不同的土壤特性对吸附性溶质的地表径流流失提供简单的理论分析依据。

(2)详细介绍室内模拟降雨土槽试验装置,试验操作过程及不同条件下的试验参数,为验证前面提出的解析模型提供地表径流中溶解性溶质浓度的试验数据,并从理论上来验证前面提出的解析模型和分析模型中参数的变化,为减小地表径流的溶解性溶质流失提供参考。并对前面提出的线性吸附性溶质的理论模型进行讨论,分析不同的土壤特性对土壤中溶质向地表径流迁移过程中的影响,为降低地表径流中吸附性溶质的地表径流流失提供理论参考。

(3)对不同条件下的试验数据进行全面的分析,从试验角度研究降雨过程中农田中积水层的存在以及不同因素对溶解性溶质地表径流流失和地下排水流失的影响,为减小土壤中溶解性溶质的流失提供有效的参考。

(4)通过试验数据来识别和分析二层非完全混合模型中的参数,分析识别得到的模型参数的变化,更清楚地认识模型的适用范围。进一步,用反演方法(集合卡尔曼滤波模型)来反演模型参数,通过同化地表径流中溶解性溶质的浓度试验观测数据来更新前面建立的解析模型中的参数和预测值,改善和提高地表径流中溶解性溶质浓度的预测。

第 2 章　溶质地表径流模型的建立

以前学者在进行地表径流的溶质迁移过程研究时,大都是认为从降雨开始就会产生地表径流[46-47,56,141],或者是以土壤侵蚀比较严重的黄土高原区为研究对象[143,145,177],而在现实中,南方的大量农田是比较平坦的,因此土壤侵蚀现象不是很严重,且农田中有一定深度的田埂阻挡,故在地表需要有一定深度的积水才产生径流。因此本文运用非完全混合理论,为了避免进行在地表处复杂的溶质运移过程的研究,在土壤入渗率为 i,地表径流水流速度为 q,模拟降雨强度恒定为 p 时(见图 2-1),将积水-径流混合层和土壤混合层看作一个整体(即混合区),采用简单的"二层模型",将整个系统分为混合区及其以下两部分。将混合区作为主要研究对象,考虑到积水层的存在,对非饱和土壤进行模拟降雨,并通过非完全混合参数同时考虑到土壤中溶质的入渗作用和扩散作用,以水量平衡方程和溶质质量守恒定律为基础,研究灌溉排水条件下,农田中地表径流的溶解态肥料流失规律。

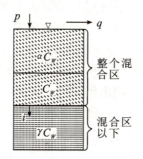

图 2-1　简单的二层模型示意图

第2章 溶质地表径流模型的建立

2.1 模型的描述

2.1.1 模型溶质质量关系的描述

在地表附近的土壤混合层内的溶质浓度为 C_w(如图2-1),是径流水、入渗水溶质的来源,仅考虑土壤中垂向的溶质运移,假定无侧向壤中流[102,140]。在整个混合区及其以下土壤的交界处,将扩散运动和入渗运动看作向量,以垂直向下的入渗方向为正,则向上的扩散为负。由于土壤的入渗作用相对比较容易被测得,因此将入渗作用和扩散作用进行矢量合成后得到减弱的入渗作用。而在土壤混合层与积水-径流混合层之间,不仅存在溶质的扩散、入渗作用,也必须考虑到雨滴的打击扰动对溶质运移的影响[65,129,177-178],以溶质向上的作用与运动方向为正。综合考虑这些因素,在整个混合区中,假定土壤混合层溶质与入渗水溶质之间的混合程度为 γ,地表积水-径流水溶质与土壤混合层溶质之间的混合程度为 α(如图2-1所示)。则在整个混合区 h_w 内,有以下关系存在:

$$M_w = C_w [\alpha(h_w - h_{\text{mix}} \cdot \theta_s) + h_{\text{mix}} \cdot \theta_s] \tag{2-1}$$

其中 C_w 为土壤混合层溶质浓度($\mu g/cm^3$),M_w 为单位面积混合区中所含溶解态溶质浓度质量($\mu g/cm^2$),h_{mix} 为土壤混合层的深度即溶质均匀分布且与地表浓度相等的深度[94],h_w 为混合区中储存的单位面积水的深度(cm),θ_s 为土壤饱和体积含水率(cm^3/cm^3),γ 和 α 分别为入渗水溶质与土壤混合层溶质之间的非完全混合系数和土壤混合层溶质与地表积水-径流水溶质之间的非完全混合系数。在实际应用中需要通过试验手段进一步研究和分析 γ 和 α 等参数尤其是参数 α 的影响因素,并提出相应的不同试验条件下该参数的计算公式或数值,在本文的计算中将其简单地看作常数来处理。

在混合区内的溶质通过入渗水和径流水等途径而流失,因此在降雨过程中任意 t 时刻混合区的溶质质量守恒方程可表达如下:

$$\frac{\mathrm{d}[M_w(t)]}{\mathrm{d}t} = -\gamma \cdot i \cdot C_w(t) - \alpha \cdot q \cdot C_w(t) \tag{2-2}$$

其中 q 为单位面积地表径流水流速度或者地表径流水的速率（cm/min），i 为混合区底部的土壤入渗率（cm/min）。

2.1.2 模型过程的分解

假定本文的田面地表径流主要是通过降雨途径导致的，从降雨开始到降雨结束可以将整个降雨过程分为以下四个阶段[83,179-181]（见图2-2）：

第一阶段（Ⅰ）：从降雨开始（t_0）到系统混合区完全饱和（t_{sa}），在此期间由于土壤混合层很薄，因此假定在此阶段由降雨使得混合区达到饱和，且溶质和水没有流出混合层[140]。

第二阶段（Ⅱ）：从混合区达到饱和（t_{sa}）到地表发生积水（t_p），在此期间混合区中的溶质可以通过土壤水的入渗作用而运动到混合区以下而流失。

第三阶段（Ⅲ）：从地表开始积水（t_p）到地表开始产生径流（t_r），在此期间混合区中的溶质受到深度不断增长的积水的稀释作用，同时由下渗水而流失。

第四阶段（Ⅳ）：从产生径流（t_r）到降雨结束，在此期间整个混合区的溶质通过下渗水和田块地表径流水而损失。

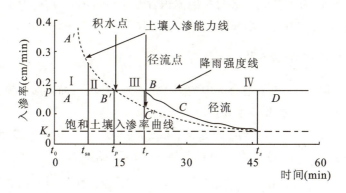

图 2-2　降雨过程中土壤入渗率曲线示意图

2.2 α 和 γ 为常数时的模型求解

由 2.1 部分可知,在不同的降雨阶段,混合区内的溶质损失过程相应有不同的平衡状态,因此,将模型的求解也相应地分为不同的过程。

2.2.1 第一阶段(Ⅰ)的求解

在此阶段降雨的作用是使土壤混合层达到饱和,没有地表径流水或地表积水产生,因此混合区中的溶质无任何损失。所以在土壤混合层底部与地表处的土壤入渗率是不同的,在混合区中存在以下关系式:

$$i_{up} = p, i = 0, q = 0 \tag{2-3}$$

其中 p 为降雨强度(cm/min),i_{up} 为土壤混合层地表处的土壤入渗率(cm/min)。则从降雨开始到土壤混合区达到饱和的时间可以近似表示如下:

$$t_{sa} = \frac{h_{mix} \cdot (\theta_s - \theta_0)}{i_{up}} \tag{2-4}$$

其中 θ_0 为土壤混合层的初始体积含水率(cm^3/cm^3),t_{sa} 为土壤混合层达到饱和的时间(min)。

2.2.2 第二阶段(Ⅱ)的求解

在Ⅰ阶段中,土壤混合区中的溶质没有任何流失,而溶质的流失从Ⅱ阶段开始。在Ⅱ阶段存在以下关系:

$$h_w = h_{mix} \cdot \theta_s, i_{up} = i = p, q = 0 \tag{2-5}$$

在初始条件式(2-4)和式(2-5)下得到式(2-2)的解为

$$\begin{aligned} M_w(t) &= M_0 \cdot \exp\left\{\frac{(\gamma \cdot i + \alpha \cdot q) \cdot (t - t_{sa})}{[\alpha(h_w - h_{mix} \cdot \theta_s) + h_{mix} \cdot \theta_s]}\right\} \\ &= M_0 \cdot \exp\left[\frac{\gamma \cdot p \cdot (t - t_{sa})}{h_{mix} \cdot \theta_s}\right] \end{aligned} \tag{2-6}$$

其中 M_0 为单位面积土壤混合层中的初始溶质质量($\mu g/cm^2$)。

2.2 α和γ为常数时的模型求解

结合式(2-1)得到此阶段的溶质浓度的表达式为:

$$C_w(t) = C_0 \cdot \exp\left[\frac{\gamma \cdot p \cdot (t - t_{sa})}{h_{mix} \cdot \theta_s}\right] \quad (2-7)$$

其中 C_0 为土壤混合层饱和时溶解态溶质浓度($\mu g/cm^3$)。

由图2-2可知,土壤入渗能力 i_c 随着时间越来越小,当降雨强度与土壤入渗能力相等时(见图2-2中点 B'),地表开始产生积水,即存在以下关系:

$$i_c(t_p) = p \quad (2-8)$$

其中 t_p 为地表开始产生积水的时间(min),i_c 为土壤入渗能力(cm/min)。

2.2.3 第三阶段(Ⅲ)的求解

由图2-2可见,在此阶段地表产生积水,溶质稀释在深度不断增加的积水和损失在速率不断减小的入渗水中,由式(2-6)可以得到此阶段的初始条件:

$$M_w(t_p) = M_0 \cdot \exp\left[-\frac{\gamma p \cdot (t_p - t_{sa})}{h_{mix} \cdot \theta_s}\right] \quad (2-9)$$

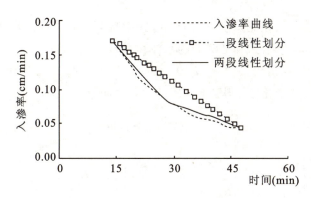

图2-3 土壤入渗率随时间线性划分的示意图

在求解过程中,为了近似描述土壤入渗率逐渐下降的过程,采用如下假定:在此阶段的土壤入渗率随时间线性减小,此阶段开始 t_p 时土壤入渗率初始值为降雨强度 p,即 $i(t_p) = p$,而在产生径流 t_r 时

的土壤入渗率为 $i(t_r) = p - a(t_r - t_p)$,见图 2-3,其中 a 为大于 0 的常数(cm/min^2)。

为了通过非线性关系来表达和描述土壤入渗率在此阶段随时间逐渐下降的过程,也可以考虑将此阶段的时间段 t_p 至 t_r 分为很多小时间段,在每个小时间段内土壤入渗率随时间以不同的斜率 a 线性下降(见图 2-3)。由以上假定可以得到如下关系式:

$$i(t) = p - a \cdot (t - t_p), q = 0 \qquad (2-10)$$

其中 a 为土壤入渗率随时间下降的坡度(cm/min^2),$i(t)$ 为积水期间 t 时刻的土壤入渗率(cm/min)。由水量平衡方程则可以得到在此阶段中任一时刻系统混合区中积水增长的速率为 $p - i(t)$,相应的积水深度可以表示为:

$$h_p(t) = \int_{t_p}^{t} (p - i) \cdot dt = \frac{1}{2} a (t - t_p)^2 \qquad (2-11)$$

其中 $h_p(t)$ 为积水期间 t 时刻的积水深度(cm),则在此阶段存在以下关系式:

$$h_w = h_p + h_{mix} \cdot \theta_s = \frac{1}{2} a (t - t_p)^2 + h_{mix} \cdot \theta_s \qquad (2-12)$$

由此可见,在此阶段中整个混合区中含溶液态溶质的水体积在不断随时间变化,这和Ⅱ时期的水体积恒定不变(见式(2-5))是完全不同的。在初始条件式(2-9)、式(2-10) 和式(2-12)下,对式(2-2)分离变量积分,得到此阶段的关系式如下:

$$M_w(t) = M_w(t_p) \cdot \exp\left\{ \frac{-2\gamma \cdot p}{\sqrt{2\alpha \cdot a \cdot h_{mix} \cdot \theta_s}} \arctan t\left[\sqrt{\frac{\alpha \cdot a}{2h_{mix} \cdot \theta_s}}(t - t_p)\right]\right\}$$

$$\cdot \left\{\frac{[\alpha \cdot a \cdot (t - t_p)^2 + 2h_{mix} \cdot \theta_s]}{2h_{mix} \cdot \theta_s}\right\}^{\frac{\gamma}{\alpha}} \qquad (2-13)$$

联合式(2-1)可以得到此阶段土壤混合层中溶解性溶质的浓度如下:

$$C_w(t) = \frac{M_w(t_p)}{\left[\frac{1}{2}\alpha \cdot a \cdot (t - t_p)^2 + \theta_s \cdot h_{mix}\right]}$$

$$\cdot \exp\left\{\frac{-2\gamma \cdot p}{\sqrt{2\alpha \cdot a \cdot \theta_s \cdot h_{\text{mix}}}} \cdot \arctan t\left[\sqrt{\frac{\alpha a}{2\theta_s \cdot h_{\text{mix}}}}(t-t_p)\right]\right\}$$

$$\cdot \left\{\frac{[\alpha \cdot a \cdot (t-t_p)^2 + 2\theta_s \cdot h_{\text{mix}}]}{2\theta_s \cdot h_{\text{mix}}}\right\}^{\frac{\gamma}{\alpha}} \tag{2-14}$$

通过式(2-11)和地表最大积水深度 $h_p(t_r)$ 可以得到地表开始产生径流的时间为：

$$t_r = \sqrt{\frac{2h_p(t_r)}{a}} + t_p, i(t_r) = p - a \cdot (t_r - t_p) \tag{2-15}$$

其中 $h_p(t_r)$ 为产生径流时的积水深度即最大积水深度(cm)，t_r 为地表开始产生径流的时间(min)，$i(t_r)$ 为地表开始产生径流时的土壤入渗率(cm/min)。

2.2.4 第四阶段(Ⅳ)的求解

在此阶段地表积水深度恒定为 $h_p(t_r)$，地表产生径流，溶质流失到入渗水和地表径流水中去。由 2.2.3 部分的假定，可得到此阶段中 h_w 恒定为如下：

$$h_w = h_p(t_r) + h_{\text{mix}} \cdot \theta_s = \int_{t_p}^{t_r}(p-i) \cdot dt + h_{\text{mix}} \cdot \theta_s$$

$$= \frac{1}{2}a \cdot (t_r - t_p)^2 + h_{\text{mix}} \cdot \theta_s \tag{2-16}$$

与Ⅲ阶段相同，假定在地表产生径流后土壤的入渗能力和时间亦为线性减小关系，土壤入渗率随时间以斜率 b 线性减小，直到土壤入渗率下降到土壤稳定入渗率 i_s 为止。则按照土壤入渗率的变化情况，可将此阶段划分为以下两个阶段。

2.2.4.1 土壤入渗率随时间下降的阶段

式(2-15)表达了此阶段的初始土壤入渗率，按照土壤入渗率随时间以斜率 b 线性减小的假定，可以得到此阶段任一时刻的土壤入渗率的表达式为：

$$i(t) = i(t_r) - b \cdot (t - t_r) \tag{2-17}$$

同时假定由于径流水流深度很小以致可以将其忽略[46-47,56,140]。

在径流产生时(t_r)土壤混合区中的溶质质量$M_w(t_r)$可以由t_r代入Ⅲ阶段中式(2-17)的时间t得到,故产生径流时的初始条件的表达式如下:

$$M_w(t) = M_w(t_p) \cdot \exp\left\{\frac{-2\gamma \cdot p}{\sqrt{2\alpha \cdot a \cdot \theta_s \cdot h_{\text{mix}}}}\arctan t\left[\sqrt{\frac{\alpha \cdot a}{2\theta_s \cdot h_{\text{mix}}}}(t_r - t_p)\right]\right\}$$

$$\cdot \left\{\frac{[\alpha \cdot a \cdot (t_r - t_p)^2 + 2\theta_s \cdot h_{\text{mix}}]}{2\theta_s \cdot h_{\text{mix}}}\right\}^{\frac{\gamma}{\alpha}} \quad (2-18)$$

由初始条件式(2-18)、式(2-16)、式(2-17),对式(2-2)进行分离变量并积分可以得到此阶段中土壤混合区中的溶质质量为:

$$M_w(t) = M_w(t_r) \cdot \exp\left\{\begin{array}{c}\dfrac{-2\{\gamma \cdot [i(t_r) + b \cdot t_r] + \alpha[p - i(t_r) - b \cdot t_r]\}}{[\alpha \cdot a \cdot (t_r - t_p)^2 + 2\theta_s \cdot h_{\text{mix}}]} \\ \cdot (t - t_r) + \dfrac{b \cdot (\gamma - \alpha) \cdot (t^2 - t_r^2)}{[\alpha \cdot a \cdot (t_r - t_p)^2 + 2\theta_s \cdot h_{\text{mix}}]}\end{array}\right\}$$

$$(2-19)$$

结合式(2-1)则可以得到地表径流水中溶解性溶质的浓度表达式为:

$$\alpha \cdot C_w(t) = \frac{\alpha \cdot M_w(t_r)}{\left[\dfrac{1}{2}\alpha \cdot a \cdot (t_r - t_p)^2 + \theta_s \cdot h_{\text{mix}}\right]}$$

$$\cdot \exp\left\{\begin{array}{c}\dfrac{-2\{\gamma[i(t_r) + b \cdot t_r] + \alpha[p - i(t_r) - b \cdot t_r]\}}{[\alpha \cdot a(t_r - t_p)^2 + 2\theta_s \cdot h_{\text{mix}}]} \\ \cdot (t - t_r) + \dfrac{b \cdot (\gamma - \alpha) \cdot (t^2 - t_r^2)}{[\alpha \cdot a \cdot (t_r - r_p)^2 + 2\theta_s \cdot h_{\text{mix}}]}\end{array}\right\}$$

$$(2-20)$$

2.2.4.2 土壤入渗率稳定的阶段

由径流期间土壤入渗的假定可以知道,此阶段的土壤入渗率与前一阶段末的土壤入渗率值相等且为常数值,由水量平衡方程可知径流速率也恒定为常数,则有如下关系式:

$$i(t) = i(t_s) = i(t_r) - b \cdot (t_s - t_r), q = p - i \quad (2-21)$$

由式(2-19)得到此阶段的初始条件:

$$M_w(t) = M_w(t_r) \cdot \exp\left\{\begin{array}{c}\dfrac{-2\{\gamma \cdot [i(t_r) + b \cdot t_r] + \alpha[p - i(t_r) - b \cdot t_r]\}}{[\alpha \cdot a \cdot (t_r - t_p)^2 + 2\theta_s \cdot h_{\text{mix}}]} \\ \cdot (t_s - t_r) + \dfrac{b \cdot (\gamma - \alpha) \cdot (t_s^2 - t_r^2)}{[\alpha \cdot a \cdot (t_r - t_p)^2 + 2\theta_s \cdot h_{\text{mix}}]}\end{array}\right\}$$

(2-22)

根据初始条件式(2-22)、式(2-16)和式(2-21)，对式(2-1)进行分离变量可得到此阶段中土壤混合区中的溶质质量为：

$$M_w(t) = M_w(t_s) \cdot \exp\left\{\dfrac{-\{\gamma \cdot i(t_s) + \alpha \cdot [p - i(t_s)]\} \cdot (t - t_s)}{[\dfrac{1}{2}\alpha \cdot a \cdot (t_r - t_p)^2 + \theta_s \cdot h_{\text{mix}}]}\right\}$$

(2-23)

同样可得到此阶段中地表径流中溶解性溶质的浓度为：

$$\alpha \cdot C_w(t) = \dfrac{\alpha \cdot M_w(t_s)}{[\dfrac{1}{2}\alpha \cdot a \cdot (t_r - t_p)^2 + \theta_s \cdot h_{\text{mix}}]}$$

$$\cdot \exp\left\{\dfrac{-\{\gamma \cdot i(t_s) + \alpha \cdot [p - i(t_s)]\} \cdot (t - t_s)}{[\dfrac{1}{2}\alpha \cdot a \cdot (t_r - t_p)^2 + \theta_s \cdot h_{\text{mix}}]}\right\}$$

(2-24)

2.3 α 为常数 γ 随时间线性减小时的模型求解

随着降雨的进行，随着土壤入渗率的减小，向下的入渗作用减弱，且土壤混合层中的溶解性溶质的浓度逐渐减小，而土壤混合层以下的溶解性溶质的浓度越来越大，因此溶质将会向上进行扩散运动。由2.1部分非完全混合参数的定义可知，γ 随着时间减小[47,143]。而土壤混合层溶质和径流溶质浓度也都会随着时间降低，只是随着地表积水深度的增高，降雨的打击作用将会减弱[47]，导致土壤混合层中的溶质流出到地表径流水中的作用会减弱。因此，在无积水时，可以假定 α 值不变，而在地表产生积水后，α 值会随时间减小到一定的程度。为了简单计算，先假定 γ 随着时间线性减小，而 α 值不变，因此存在以下关系式：

$$\gamma = 1 - et \qquad (2\text{-}25)$$

其中 e 为非完全混合参数 γ 值随时间变化的速率($\min^{-1}$)。

由于第一阶段土壤混合层中的溶质无任何损失,因此本文的求解从第二阶段开始。

2.3.1 第二阶段(Ⅱ)的求解

考虑到式(2-25),在初始条件式(2-4)和式(2-5)下得到此阶段土壤混合层中溶解性溶质的浓度表达式为:

$$C_w(t) = C_0 \cdot \exp\left\{-\frac{p \cdot \left[(t - t_{sa}) - \frac{1}{2}e \cdot (t^2 - t_{sa}^2)\right]}{h_{mix} \cdot \theta_s}\right\} \qquad (2\text{-}26)$$

2.3.2 第三阶段(Ⅲ)的求解

此阶段中地表开始产生积水,土壤混合层中的溶质稀释在深度不断增加的积水和流失到速率不断减小的入渗水中去,根据式(2-26)可得到产生积水时土壤混合层中溶解性溶质的初始浓度为:

$$C_w(t_p) = C_0 \cdot \exp\left\{-\frac{p \cdot \left[(t_p - t_{sa}) - \frac{1}{2}e \cdot (t_p^2 - t_{sa}^2)\right]}{h_{mix} \cdot \theta_s}\right\}$$

$$(2\text{-}27)$$

土壤入渗条件同 2.2.3 部分,可以得到此阶段地表积水中的溶质浓度表达式为:

$$C_w(t) = \frac{C_w(t_p) \cdot h_{mix} \cdot \theta_s}{\frac{1}{2}\alpha \cdot a \cdot (t - t_p)^2 + \theta_s \cdot h_{mix}}$$

$$\cdot \left\{\frac{[\alpha \cdot a \cdot (t - t_p)^2 + 2h_{mix} \cdot \theta_s]}{2h_{mix} \cdot \theta_s}\right\}^{\left(\frac{e \cdot p + \alpha - e \cdot a \cdot t_p}{\alpha \cdot a}\right)}$$

$$\cdot \exp\left\{\frac{\sqrt{2}(2e \cdot h_{mix} \cdot \theta_s - p \cdot \alpha + e \cdot p \cdot t_p \cdot \alpha)}{\alpha \cdot \sqrt{\alpha \cdot a \cdot h_{mix} \cdot \theta_s}}\right.$$
$$\left.\cdot \arctan t\left[\sqrt{\frac{\alpha \cdot a}{2h_{mix} \cdot \theta_s}}(t - t_p)\right] - \frac{2e \cdot (t - t_p)}{\alpha}\right\}$$

$$(2\text{-}28)$$

2.3.3 第四阶段（Ⅳ）的求解

2.3.3.1 土壤入渗率随时间下降的阶段

由式(2-28)得到在此阶段中，土壤混合层中溶解性溶质的初始浓度为：

$$C_w(t_r) = \frac{C_w(t_p) \cdot \theta_s \cdot h_{\text{mix}}}{\frac{1}{2}\alpha \cdot a \cdot (t_r - t_p)^2 + \theta_s \cdot h_{\text{mix}}}$$

$$\cdot \left\{ \frac{[\alpha \cdot a \cdot (t_r - t_p)^2 + 2h_{\text{mix}} \cdot \theta_s]}{2h_{\text{mix}} \cdot \theta_s} \right\}^{\left(\frac{e \cdot p + a - e \cdot a \cdot t_p}{\alpha \cdot a}\right)}$$

$$\cdot \exp\left\{ \frac{\frac{\sqrt{2}(2e \cdot h_{\text{mix}} \cdot \theta_s - p \cdot \alpha + e \cdot p \cdot t_p \cdot \alpha)}{\alpha \cdot \sqrt{\alpha \cdot a \cdot h_{\text{mix}} \cdot \theta_s}}}{\arctan t\left[\sqrt{\frac{\alpha \cdot a}{2h_{\text{mix}} \cdot \theta_s}}(t_r - t_p)\right] - \frac{2e \cdot (t_r - t_p)}{\alpha}} \right\}$$

(2-29)

同 2.2.4.1 阶段，得到此阶段中地表径流中溶解性溶质的浓度为：

$$\alpha \cdot C_w(t) = \alpha \cdot C_w(t_r)$$

$$\cdot \exp\left\{ \begin{array}{l} \dfrac{2\{[i(t_r) + b \cdot t_r] \cdot (\alpha - 1) - \alpha \cdot p\}}{[\alpha \cdot a \cdot (t_r - t_p)^2 + 2\theta_s \cdot h_{\text{mix}}]} \\ \cdot (t - t_r) - \dfrac{2e \cdot b \cdot (t^3 - t_r^3)}{3[\alpha \cdot a \cdot (t_r - t_p)^2 + 2\theta_s \cdot h_{\text{mix}}]} \\ + \dfrac{2[e \cdot i(t_r) + b \cdot e \cdot t_r - \alpha \cdot b + b] \cdot (t^2 - t_r^2)}{[\alpha \cdot a \cdot (t_r - t_p)^2 + 2\theta_s \cdot h_{\text{mix}}]} \end{array} \right\}$$

(2-30)

2.3.3.2 土壤入渗率稳定的阶段

由式(2-30)得到此阶段中土壤混合层溶液的初始溶质浓度为：

$$\alpha \cdot C_w(t) = \alpha \cdot C_w(t_r)$$

$$\cdot \exp\left\{\begin{array}{l}\dfrac{2\{[i(t_r)+b\cdot t_r]\cdot(\alpha-1)-\alpha\cdot p\}}{[\alpha\cdot a\cdot(t_r-t_p)^2+2\theta_s\cdot h_{\text{mix}}]}\\ \cdot(t_s-t_r)-\dfrac{2e\cdot b\cdot(t_s^3-t_r^3)}{3[\alpha\cdot a\cdot(t_r-t_p)^2+2\theta_s\cdot h_{\text{mix}}]}\\ +\dfrac{2[e\cdot i(t_r)+b\cdot e\cdot t_r-\alpha\cdot b+b]\cdot(t_s^2-t_r^2)}{[\alpha\cdot a\cdot(t_r-t_p)^2+2\theta_s\cdot h_{\text{mix}}]}\end{array}\right\}$$

(2-31)

同 2.2.4.2 阶段，此阶段的地表径流溶质浓度如下：

$$\alpha\cdot C_w(t)=\alpha\cdot C_w(t_s)$$

$$\cdot \exp\left\{\dfrac{-\{i(t_s)+\alpha\cdot[p-i(t_s)]\}\cdot(t-t_s)+\dfrac{1}{2}e\cdot i(t_s)\cdot(t^2-t_s^2)}{[\dfrac{1}{2}\alpha\cdot a\cdot(t_r-t_p)^2+\theta_s\cdot h_{\text{mix}}]}\right\}$$

(2-32)

2.4 α 和 γ 为常数时吸附性溶质的地表径流流失

溶质以溶解性和吸附性状态存在于土壤中，在地表附近的土壤混合层内的溶解性溶质浓度为 C_w（图 2-1），采用下列的平衡线性吸附方程来考虑土壤混合层中土壤颗粒对溶质的吸附特性[56,143]：

$$C_s = k_d \cdot C_w \qquad (2\text{-}33)$$

其中 C_w 为土壤混合层中溶解性溶质浓度；C_s 为土壤混合层中吸附性溶质浓度；k_d 为溶质在固-液相间的吸附分布系数。

$$M_w = C_w[\alpha(h_w-h_{\text{mix}}\cdot\theta_s)+h_{\text{mix}}(\theta_s+k_d\cdot\rho_s)]$$
$$= C_w[\alpha(h_w-h_{\text{mix}}\cdot\theta_s)+h_{\text{mix}}\cdot\theta_s\cdot R_f] \qquad (2\text{-}34)$$

其中 $R_f = 1+k_d\cdot\rho_s/\theta_s$，其为阻滞因子。

可以得到从降雨开始到土壤混合层开始完全饱和的时间表达式与 2.2 部分溶解性溶质的地表径流流失求解过程相同。而在此部分，从土壤混合层开始完全饱和到地表开始产生积水阶段土壤混合层中溶解性溶质浓度为：

$$C_w(t)=\dfrac{C_0}{R_f}\cdot\exp\left[\dfrac{\gamma\cdot p\cdot(t-t_{sa})}{h_{\text{mix}}(\theta_s+k_d\cdot\rho_s)}\right] \qquad (2\text{-}35)$$

2.4 α 和 γ 为常数时吸附性溶质的地表径流流失

由式(2-35)可以得到产生积水时土壤混合层中溶解性溶质的初始溶质浓度表达式为：

$$C_w(t_p) = \frac{C_0}{R_f} \cdot \exp\left[\frac{\gamma \cdot p \cdot (t_p - t_{sa})}{h_{mix}(\theta_s + k_d \cdot \rho_s)}\right] \quad (2\text{-}36)$$

从开始产生地表积水到开始产生地表径流阶段期间，土壤混合层中溶解性溶质的浓度表达式为：

$$C_w(t) = \frac{C_w(t_p) \cdot h_{mix} \cdot (\theta_s + k_d \cdot \rho_s)}{\left[\frac{1}{2}\alpha \cdot a \cdot (t - t_p)^2 + (\theta_s + k_d \cdot \rho_s) \cdot h_{mix}\right]}$$

$$\cdot \exp\left\{\frac{-2\gamma \cdot \rho}{\sqrt{2\alpha \cdot a \cdot [(\theta_s + k_d \cdot \rho_s) \cdot h_{mix}]}} \arctan t\left[\sqrt{\frac{\alpha \cdot a}{2(\theta_s + k_d \cdot \rho_s) \cdot h_{mix}}}(t_r - t_p)\right]\right\}$$

$$\cdot \left\{\frac{[\alpha \cdot a \cdot (t - t_p)^2 + 2(\theta_s + k_d \cdot \rho_s) \cdot h_{mix}]}{[2(\theta_s + k_d \cdot \rho_s) \cdot h_{mix}]}\right\}^{\frac{\gamma}{\alpha}} \quad (2\text{-}37)$$

地表产生径流后，土壤混合层中溶液的初始浓度可表达为：

$$C_w(t) = \frac{C_w(t_p) \cdot h_{mix} \cdot (\theta_s + k_d \cdot \rho_s)}{[h_p(t_r) + (\theta_s + k_d \cdot \rho_s) \cdot h_{mix}]}$$

$$\cdot \exp\left\{\frac{-2\gamma \cdot p}{\sqrt{2\alpha \cdot a \cdot [(\theta_s + k_d \cdot \rho_s) \cdot h_{mix}]}} \arctan t\left[\sqrt{\frac{\alpha \cdot a}{2(\theta_s + k_d \cdot \rho_s) \cdot h_{mix}}}(t - t_p)\right]\right\}$$

$$\cdot \left\{\frac{[h_p(t_r) + (\theta_s + k_d \cdot \rho_s) \cdot h_{mix}]}{(\theta_s + k_d \cdot \rho_s) \cdot h_{mix}}\right\}^{\frac{\gamma}{\alpha}} \quad (2\text{-}38)$$

在地表径流速率随时间增大期间，地表径流中溶解性溶质的浓度可表示为：

$$\alpha \cdot C_w(t_s) = \alpha \cdot C_w(t_r)$$

$$\cdot \exp\left\{\frac{-\{\gamma \cdot [i(t_r) + B \cdot t_r] + \alpha[p - i(t_r) - B \cdot t_r]\}}{[h_p(t_r) + (\theta_s + k_d \cdot \rho_s) \cdot h_{mix}]}\right\}$$

$$\cdot (t - t_r) + \frac{B \cdot (\gamma - \alpha) \cdot (t^2 - t_r^2)}{2[h_p(t_r) + (\theta_s + k_d \cdot \rho_s) \cdot h_{mix}]}$$

$$(2\text{-}39)$$

第 2 章 溶质地表径流模型的建立

在地表径流稳定阶段,地表径流中溶解性溶质的初始浓度为:

$$\alpha \cdot C_w(t_s) = \alpha \cdot C_w(t_r)$$
$$\cdot \exp \left\{ \frac{-\{\gamma \cdot [i(t_r) + B \cdot t_r] + \alpha [p - i(t_r) - B \cdot t_r]\}}{[h_p(t_r) + (\theta_s + k_d \cdot \rho_s) \cdot h_{\text{mix}}]} \cdot (t_s - t_r) + \frac{B \cdot (\gamma - \alpha) \cdot (t_s^2 - t_r^2)}{2[h_p(t_r) + (\theta_s + k_d \cdot \rho_s) \cdot h_{\text{mix}}]} \right\}$$

(2-40)

地表径流稳定期间的径流中溶解性溶质浓度表达如下:

$$\alpha \cdot C_w(t) = \alpha \cdot C_w(t_s)$$
$$\cdot \exp \left\{ \frac{-\{\gamma \cdot i(t_s) + \alpha \cdot [p - i(t_s)]\} \cdot (t - t_s)}{[h_p(t_r) + (\theta_s + k_d \cdot \rho_s) \cdot h_{\text{mix}}]} \right\} \quad (2-41)$$

2.5 小结

在前人的研究基础上,考虑到在实际田间操作中,地表产生径流前存在一定的积水层,本文将积水径流混合层和土壤混合层看作一个整体,采用简单的二层模型,将整个系统分为混合区及其以下两部分。将混合区作为主要研究对象,对初始非饱和土壤进行模拟降雨,并且通过非完全混合参数同时考虑到土壤中溶质的扩散和入渗作用,以水量平衡方程和溶质质量守恒定律为基础,研究灌溉排水条件下农田地表径流中溶解态肥料流失规律。考虑到在整个降雨径流过程中,土壤入渗率随时间减小,因此与土壤入渗有关的非完全混合参数将随着时间减小,本文简单地展示了将其看作随时间线性减小时,在不同降雨阶段中,地表径流中溶解性溶质浓度的解析解,本文还将理论模型扩展到简单的线性吸附性溶质的地表径流迁移过程中去,为研究吸附性溶质的地表径流特性提供理论依据。

第3章 溶质径流流失试验研究及模型验证

本章对土壤中溶解性溶质随地下排水和地表径流流失规律进行试验研究,通过开展室内模拟降雨试验,对汉北沙土和新洲壤土两种试验土壤在不同的排水条件、土壤深度、初始含水量等条件下研究溶质的迁移规律。同时将试验数据应用到本文第2章所建立的理论模型中,为模型的检验准备实际的数据资料和模拟环境。本章将详细介绍室内模拟降雨土槽试验装置,试验操作过程及不同条件下的试验参数,验证第2章解析模型的正确性和有效性并分析理论模型中参数的变化。

3.1 试验方法介绍

3.1.1 试验土槽装置

本文的试验设在武汉大学水资源与水电工程科学国家重点实验室一楼大厅内进行,由钢板做的土槽长、宽和高分别为100cm、30cm和40cm,底部中间两端开孔排水,用来收集土壤排水溶液,也可通过三通管将两排水孔的出口置于不同的高度处来控制排水。土槽底部装填一定厚度的砂砾石称为滤水层,在砂砾石上面铺120目/英寸的滤网,用来防止在降雨过程中试验土壤被从底部砂砾石上冲走,滤网上面装填一定厚度的试验土壤,在试验土壤表面有一定深度的积水。在土槽深度为25cm处开矩形口并连接于用有机玻璃做成的三角堰来收集径流溶液,模拟降雨试验装置图见图3-1。

第3章 溶质径流流失试验研究及模型验证

图 3-1　模拟降雨试验土槽装置

3.1.2　降雨器模拟装置

尽管很多人已经对模拟降雨的试验装置进行了设计[182-187]，本次试验中模拟降雨器采用针头式。模拟降雨发生器用厚度为 1cm 的有机玻璃制成，下表面尺寸为 $11 \times 31 cm^2$，深度为 7cm。在上表面（即上盖）的中心处开孔直径为 2cm，通过有机玻璃弯管（孔径为 2cm）与外界供水装置相接，作为模拟降雨的供水入口。上盖的面积为 $13 \times 33 cm^2$，四边分别比降雨发生器多余的 1cm 上面钻孔作为阀栏和模拟降雨发生器连接，以备需要清洗针头或者清洗模拟降雨发生器或者更换针头时，可以揭开上盖。下表面安装 8 号针头（可以更换针头号）的面积为 $10 \times 30 cm^2$，从 4 个距边上 0.5cm 开始，每隔 2cm 钻孔用来安装针头，一共 96 个钻孔。这些针头提供的降雨强度或者雨量过大时，可以堵塞部分针头。用胶水将 96 个 8 号针头插入并接上钻孔，以便需要更换针头时可以拔下。

为得到适宜的降雨高度，在外围的四角加了四根灵活的钢管（可拆卸）。从土槽上表面开始，钢管最大高度为 2m。但是实验室的门最大高度为 2m，为了便于推土槽进出实验大厅，在钢管外面套钢管，使其可灵活升降。为节省费用，此小型试验采用人工模拟降雨的形式，分别在外围沿土槽长边的 2 根灵活钢管间套上一个三角形钢管，作为轨道用。而在模拟降雨发生器的下部四角接上 4 个滑轮，在降雨过程中，使模拟降雨发生器沿轨道匀速滑行，使得降雨均匀且强度一致。

3.1.3 供水装置

为了不影响径流液中溶解态溶质浓度的测定,本文试验的雨水采用无溶解态溶质或者离子的蒸馏水。根据需要,通过改变定流量泵(也称为 YZ1515X 型蠕动泵泵头)的转数来抽取定流量的水。率定试验中采用大管径软管,步骤如下:

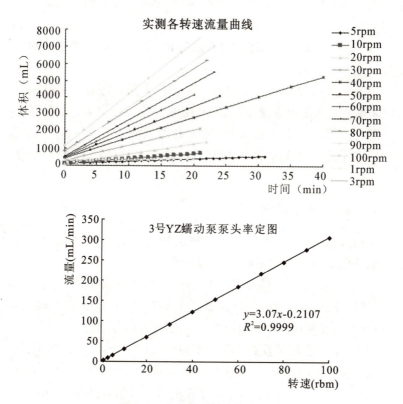

图 3-2 定流量泵转速与流量图

(1)电子天平调平,用桶装满自来水,将大管径软管装上蠕动泵,同时插上电源。

(2)将 2000mL 的烧杯放在电子天平上调零,用大管径软管将桶里的自来水和烧杯接上,先将蠕动泵的转数调到最大然后慢慢调到所选转数,使得软管中没有空气时,在整分钟时计时 t_0 和读天平上的烧杯和水的质量数 m_0。

(3)将定流量泵的转速设为 1,3,5,10,20,30,40,50,60,70,80,90,100rbm 时,分别测定 20~40min,在各个过程中,离各自开始时间的 1、3 或者 5min 时读天平上烧杯和水的质量数。

(4)将水的密度看作 1g/mL,根据各转速中不同时间读得的天平上烧杯和水的质量数转换成水的体积,得到各个转速时流量与时间的关系。

(5)最后得到不同的转速对应的流量,最后得出定流量计的流量与转数间的关系。

由图 3-2 可以得到一台定流量泵的供水量范围在 3~300mL/min,若需要更大的供水量,可以同时用两台或三台定流量泵进行供水。同时使用三台进行供水时,最大可得到 900mL/min 左右的流量。此率定试验曲线可以为模拟降雨期间的降雨强度提供一定参考。

3.1.4　试验土槽填土

模拟降雨试验前需要将试验土样装填到土槽中去,本文试验土壤分别采用新洲壤土和汉北沙土,操作步骤:

(1)装土顺序。土槽底部铺放 5cm 厚度的干砂砾石作为过滤层,为了防止试验土壤成分从底部过滤层冲走,在过滤层上放 120 目/英寸的尼龙滤网,滤网上面填装一定深度的试验土壤。

(2)计算装土质量及其 KCl 溶液量。将试验土壤过筛,风干,测得土壤质量含水率,按照试验土壤容重 ρ 及其装土体积计算需要的试验土壤总质量,根据设定的初时溶质浓度计算出所需的 KCl 溶液量。

(3)装填试验土壤。将 KCl 溶液均匀搅拌在土壤中,按照 3cm 一层计算出所需试验土壤,将这充分搅拌好的土壤装压入土槽中,在填装好一层时,将各层表面刨毛增加粗糙度,以使各层土壤间结合更加紧密。

(4)全部填装土和喷洒含有溶质的水完毕后,静置至少 30 分钟，以使在开始模拟降雨试验前整个试验土壤剖面中的土壤含水量及溶质是均匀分布的。

3.1.5 径流排水溶液取样[188-193]

仪器用品：塑料烧杯，塑料广口瓶，秒表（手机），笔记本，笔，量筒。

操作步骤：

(1)以开始模拟降雨时间为0，用秒表记录地表产生积水以及径流的时间。

(2)产生径流后，刚开始每隔相同时间用贴有相应标签的量筒取径流液样品，而在径流速率变化较小后，增大径流样品取样间隔时间，并每次记录取液时间，直至降雨结束。

(3)用秒表记录底部产生排水时间，以一定间隔时间用广口瓶取底部排水溶液，并记录相应的取样时间。

(4)虽然根据定流量泵的率定试验可计算出在一定降雨强度下所需的转速，但是在一定的转速下，整个模拟降雨期间的降雨强度还是以降雨期间的用水量为准来计算。

(5)模拟降雨试验结束后，根据所取样品计算试验过程中径流和排水流量速率，并用电导法测定相应的溶质浓度。

3.1.6 溶液中可溶性盐的测定——电导法

仪器：量筒，DDS-11A电导率仪，烧杯，移液管，0~60℃的温度计。

一定温度下，将事先配制好的不同的已知浓度的KCl溶液，对电导率仪进行率定，从而得到KCl溶液电导率和浓度的率定关系如图3-3，在试验过程中根据测得取样溶液的电导率，即可换算得到溶液的浓度。

第 3 章　溶质径流流失试验研究及模型验证

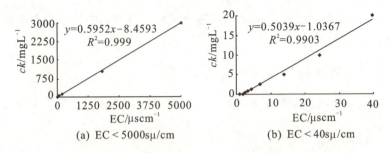

图 3-3　KCl 溶液浓度与电导率关系图

综上所述,整个试验操作过程见图 3-4、图 3-5 和图 3-6。

图 3-4　试验场景图

3.1 试验方法介绍

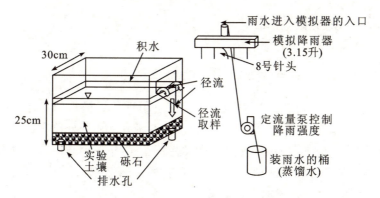

图3-5 试验装置的框架图(不按比例)

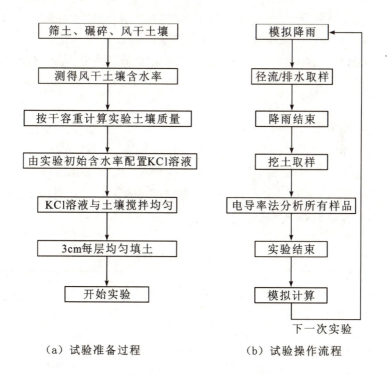

（a）试验准备过程　　　　（b）试验操作流程

图3-6 试验准备与操作过程流程

3.2 模型的验证

3.2.1 α 和 γ 为常数时模型的验证

目前国内对土壤溶质随地表径流进行迁移的模拟研究还非常少,因此本文模型缺乏实测野外资料。本研究利用国外已有的室内试验结果,对本文的模型进行简单的验证。由于田间与室内存在很大的区别,因此对于模型的可行性仍需进一步探讨与研究。

3.2.1.1 无积水层时的模型验证

对于田间溶质的地表径流迁移的研究,很多人在开展了大量的室内试验研究工作[46-47,94],得到比较详细的试验研究数据和成果。有人通过试验,测得在土箱底板透水,降雨径流时饱和土壤(Ruston fine sandy loam)中溶解性溶质的流失过程[46]。由于在试验过程中无地表积水,且试验土壤是初始饱和的,因此在这种情况下,本模型中存在以下关系:

$$h_w = h_{mix} \cdot \theta_s, t_p = t_r = 0, i = i_{ks} \tag{3-1}$$

将此关系式(3-1)代入式(2-2)后可以计算得到与以前学者[46]相同的模型形式,其中 i_{ks} 为土壤饱和时的入渗率常数(cm/min)。采用以前研究[46]中试验土壤(Ruston fine sandy loam)的试验参数(见表3-1),通过模拟计算得到混合参数值亦见表3-1,可以得到试验数据与模拟数据如图3-7。

表3-1　　模型及 Ahuja 和 Lehman[46]试验参数值

C_0/ ($\mu g/cm^3$)	θ_s	i/ (cm/min)	P/ (cm/min)	γ^*	α^*	h_{mix}^*/cm
4000	0.53	0.046	0.11	1.0	0.80	0.2

注:带 * 号的为本研究模型通过模拟得到的参数,其他为 Ahuja 和 Lehman[46]中的试验参数。

3.2 模型的验证

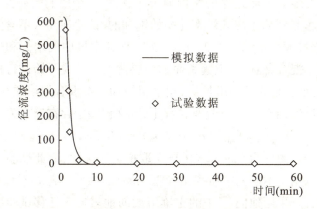

图 3-7 Ahuja 和 Lehman[46]中饱和透水(Ruston fine sandy loam)
土壤的试验数据与模拟径流浓度

由表 3-1 可以看到,通过模拟得到的非完全混合参数 γ 值达到最大极限 1,这是因为试验土壤在自由入渗的条件下,相对于土壤溶质的扩散作用,土壤入渗率很大,因此土壤入渗水带走的溶质量很大,以致土壤溶质的扩散作用可以忽略不计。这也说明在自由入渗的条件下,土壤溶质损失到土壤入渗水中的量是不容忽视的,因此为了防止肥料大量流失到浅层地下排水中去,在农田施肥时要尽量避免浅层地下排水过快的状况。而由前面的基本假定可以知道,当向上运动的溶质量比向下运动的溶质量大时,非完全混合参数 α 为正值,表明否则 α 将为负值,而地表径流水中溶解性溶质的浓度始终不可能为负值,所以非完全混合程度参数 α 的值应该在 0~1 变化。在表 3-1 中非完全混合程度参数 α 值为 0.8,这说明土壤溶质的溶出程度也很大,主要原因可能是由于试验土壤直接受到降雨的打击作用,地表无积水层保护,导致土壤中的溶质与雨水混合比较充分。而由图 3-7 可见,试验数据和本模型的模拟数据非常吻合,说明本文提出的模型是合理的。

3.2.1.2 有积水层时的模型验证

以前学者的试验研究是在地表无积水层的条件下进行的[46],这具有一定的局限性,而有人开展了大量的地表有积水层的条件下土壤溶质的地表径流迁移的室内研究工作[65]。在他们的研究中[65],试验土壤是忽略土壤入渗率并初始饱和的,试验前注入不含溶质的水,地表最大积水深度是 0.7cm。为了保证土壤中的水分和地表积水不产生混合,他们在土壤表面铺一层薄纸。试验开始进行模拟降雨时,将铺在地表的薄纸抽出,积水很快和土壤混合层溶质相混合,且同时产生径流[65]。在这种情况下,本文模型中存在以下关系式:

$$h_w = h_{mix} \cdot \theta_s + 0.7, t_p = t_r = 0, i = i_{ks} \approx 0 \qquad (3-2)$$

由于入渗率为 $0, \gamma + i = 0$ 与 γ 取值大小无关,而此试验的研究成果可以用于本研究中所提出模型的验证,因此不需要对该参数 γ 进行拟合。采用他们[65]中的土壤溶质的地表径流迁移试验中的参数见表 3-2,相应的模型中得到的模拟参数亦见表 3-2。

表 3-2　　　　　模型及 Gao 等[65]试验参数值

$P/(cm/min)$	$C_0/(g/L)$	h_p/cm	h_{mix}/cm	θ_s	α^*
0.123	29.82	0.7	0.76	0.37	0.07
0.087	29.82	0.7	0.55	0.37	0.07

注:带 * 号的为本文模型通过模拟得到的参数,其他为 Gao 等[65]中的试验参数。

本文所提出的模型是从土壤初始非饱和状态开始的,故模拟降雨开始时本文模型中地表是不产生积水-径流的。可以假定降雨开始后"瞬间"达到 0.7cm 深度的积水,达到满足他们[65]试验中一开始降雨就产生径流的条件。由于降雨强度越大,雨水的雨滴对地表的打击扰动作用越强,加剧土壤溶质进入积水-径流水中,引起地表结皮或者土壤孔隙堵塞阻止雨水入渗。但同时也由于孔隙堵塞或地表结皮,阻止土壤水及其溶质进入积水-径流水[129,145]。故在地表结皮阻塞和降雨打击这两种相互矛盾的作用的同时进行下,随着降雨强度的增大,积水-径流混合层和土壤混合层溶质的非完全混合程度 α 值相同(见表 3-2)。由于相对于雨滴直径来说,积水深度(0.7cm)很大,雨滴

3.2 模型的验证

的打击作用也不大,因此在表 3-2 中包括溶质溶出到积水 – 径流水的非完全混合程度参数 α 的值很小且为正值。总之,他们[65]的试验参数以及模型模拟得到的参数(见表 3-2)比较符合物理意义。

通过本文模型模拟计算得到不同降雨强度下径流溶质的浓度,将其和他们[65]的试验数据和模拟数据进行比较,其中参数见表 3-2。由图 3-8 可见,在不同降雨强度的条件下,在地表径流初期,由本文的模型通过模拟得到的地表径流溶质浓度比他们[65]的模拟地表径流浓度和试验数据都要高。这主要是由于本文的模型是从模拟降雨开始就进行模拟计算的,而他们[65]的试验应用到本文模型时是经过"瞬间"积水而产生径流的,本文的模型从刚开始产生径流到降雨结束一直达到最大混合程度,因此在开始产生径流时地表径流中的溶质浓度是最大的。而他们[65]的试验从开始就是无溶质浓度的最大地表积水,一开始进行模拟降雨就产生地表径流,而土壤溶质和地表径流水溶质达到最大混合程度是需要一定时间的,因此在他们[65]的研究中,刚开始的地表径流浓度很低,几乎为 0。此现象也说明在实际中瞬间混合是不可能的,但积水 – 径流混合层和土壤混合层很快就达到最大混合程度,仅需几分钟就达到地表径流溶质浓度峰值。因此他们[65]的模型与本文提出的模型的对比时刻只需从试验数据的溶质浓度峰值处开始。由模拟图 3-8(a)和(b)可以看到,从试验数据的溶质浓度峰值处开始,本文提出的模型得到的模拟结果的变化趋势与试验变化趋势是一致的,本文的模型基本能够反映地表径流中溶质浓度的变化特征。尤其是在试验前 60 分钟内,本文模型比他们[65]模型的模拟效果还要好,与他们[65]研究中的试验数据吻合非常好,结果更精确。其主要原因是本文模型中采用的非完全混合参数 α 可以反映地表土壤变化过程与降雨的关系,更加切合实际,由此说明本模型简单、准确、实用。

从图 3-7 和图 3-8 的比较中,可以看到在有积水层(图 3-8)保护土壤不直接受到雨水打击作用,使得溶质流失过程没有图 3-7 中急促,径流水溶质浓度在降雨开始很长时间后仍然没有达到 0。而在无积水时(图 3-7),由于地表无覆盖层保护土壤,使得地表直接受到雨水打击作用,因此田块肥料流失非常严重,在降雨开始 10 分钟左右地表径流水中的溶质浓度就接近0。由此可见,在降雨期间,除了前面提到的尽量避免浅层地下排水过快,为了避免土壤直接受到雨水打击而进行地表覆盖是减少土壤肥料流失的又一有效方法。

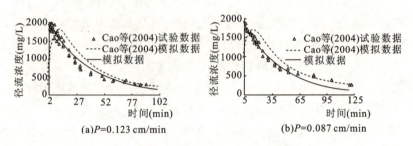

图 3-8　试验结果与模拟径流水溶质浓度比较

3.2.2　α 或 γ 不为常数时模型的理论验证

3.2.2.1　α 为常数 γ 随着时间线性减小时

在此部分,用前人[46]的试验结果来验证本研究提出的非完全混合参数 γ 随时间变化的理论模型,并将本研究的模拟结果与以前研究[138]的模拟结果进行对比分析。由前人[46]的试验所用试验土壤(Ruston fine sandy loam)的试验参数和本研究模型通过模拟计算得到有关参数见表 3-3,而相应的模拟数据与试验数据见图 3-9。

表 3-3　本研究模型及 Ahuja 和 Lehman[46] 试验参数值表

C_0	θ_s	$P/\text{cm} \cdot \text{min}^{-1}$	$i/\text{cm} \cdot \text{min}^{-1}$	h_{mix}/cm	e^*	α^*	g^*	h^*
4000	0.53	0.113	0.046	0.2	0.016	0.8	0.016	0.25

注:带 * 号的为本研究模型通过模拟得到的参数,其他为 Ahuja 和 Lehman[46] 中的试验参数。

在完全混合理论中,e 值为 0,且 α 和 γ 值都为 1。而由本文模型中非完全混合参数的物理意义可知,当 e 值增大,在整个降雨过程中 γ 值将减小,即土壤中溶质向下运动的入渗作用减弱,反之越大,

3.2 模型的验证

当土壤中溶质完全只有向下的入渗作用时 e 将达到最小值 0。而在本文的模型中，γ 值不应大于 1，因此 e 值在不小于 0 的范围内变化。在表 3-3 中，e 大于 0，这表明 e 值是合理的。由图 3-9 可见，在整个模拟降雨试验过程中，γ 值从降雨开始时其值为 1，到降雨结束时其值接近 0，变化很大。此现象也说明在自由入渗的条件下，雨滴对地表的打击起到粉碎土粒及夯实土表的作用，这会使土壤表层更密实而降低土壤入渗能力[144]，与此同时，随着降雨的进行，土壤入渗水带走的肥料溶质在混合区下积累，使得肥料溶质浓度越来越高，与混合区形成明显的溶质浓度梯度，导致土壤溶质的扩散作用越来越强烈。但是高浓度的溶质流失到土壤入渗水中的量不容忽视，同前面得到的结论，为了防止土壤中肥料大量流失在浅层地下排水中引起地下水污染，在农田施肥时要尽量避免浅层地下排水过快的状况。

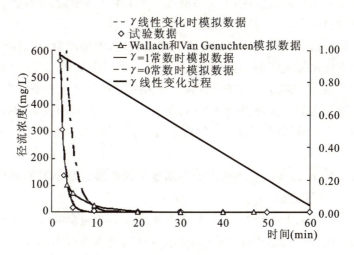

图 3-9 模拟数据与 Ahuja 和 Lehman[46] 中饱和透水
（Ruston fine sandy loam）土壤的试验数据对比

由前面的分析假定可知，当地表无积水深度的变化时，α 恒定为一常数值亦可。而非完全混合参数 α 为正值时，表明土壤中溶质向上运动的量比向下运动的量大，否则 α 值为负。而径流水中溶质浓度始终不小于 0，所以非完全混合程度参数 α 值应该在 0~1 变化，

表 3-3 中的参数 α 值是合理的。α 达 0.8 说明溶质溶出程度也很大,其分析原因同 3.2.1.1 部分,在此不再赘述。

在图 3-9 中,本文模型的模拟结果与直接采用入渗率资料且参数 γ 值为常数 1 时的模拟结果比较接近,但本文模型采用易测的观测资料间接求得入渗率且 γ 值参数随时间变化,所需的观测资料更容易得到,因此此方法更为简单实用。但在参数 γ 值为常数 0 时本文的模拟结果与试验数据进行比较,发现本文的模拟效果很差,这说明在刚开始降雨时,入渗水对土壤溶质的地表径流流失影响非常大,随着降雨的进行,土壤入渗水对土壤溶质的地表径流流失的影响降低,即土壤溶质以地表径流损失为主,所以为了减少土壤溶质的溶出,要特别注意加强土壤表面的覆盖物保护。将本文模型的模拟数据与前人[138]的扩散模型的模拟数据进行比较,结果表明本文模型的模拟效果更好,这说明本文模型适用于土壤入渗率较大时的情况,且比较简单实用,弥补了扩散模型的不足。

同时由图 3-9 可以看到在无积水条件时,土壤水自由入渗即浅层地下排水带走肥料,且地表直接受到雨水打击作用,在降雨开始 10 分钟左右径流水溶质浓度就接近 0,引起田块肥料流失非常严重。再次警示人们在实际田间操作中,为了减少土壤肥料的流失,不仅要特别注意采取加强土壤表面的覆盖物保护[194],还要防止浅层地下排水过快等。

3.2.2.2 α 为常数 γ 随时间的幂函数和指数形式减小时的模型验证分析

由 3.2.2.1 部分可知,将与入渗率有关的非完全混合参数 γ 看作随时间减小的形式时(参数值见表 3-3),由本文提出的模型得到的地表径流中溶解性溶质浓度的模拟值与前人[46]中的试验数据很接近,因此,本部分将进一步将 γ 考虑为随着时间按照幂函数形式减小的情况:

$$\gamma = t^{-h} \tag{3-3}$$

由于在前人[46]的研究中,第一个试验数是在模拟降雨开始后的几分钟之内得到的,因此参数 h 为正时,γ 值将在物理意义上小于 1。在不同降雨阶段地表径流中溶解性溶质浓度的求解过程同 2.3 部

3.2 模型的验证

分,在此不再赘述。

在其他参数相同的情况下,由适配曲线得到最优的 h 值为 0.25 (见表 3-3),相应的由本文模型得到的地表径流溶质浓度的模拟值见图 3-10。为了便于对比,将参数 γ 值为常数 0 和 1 时的模拟值也列于图 3-10。由图 3-10 可见,本文模型的模拟结果与试验数据吻合较好,且与 γ 值随时间线性减小时的模拟数据很相似。这种现象表明,对于初始饱和试验土壤,在整个模拟降雨过程中,土壤中溶解性溶质的地表径流迁移过程对与入渗率有关的非完全混合参数 γ 不是很敏感。同 3.2.2.1 部分,当参数 γ 为常数 0 时,本文模型的模拟结果与试验数据相差很远。

本文将进一步探讨当 α 为常数而 γ 随时间的指数形式减小时,土壤溶质溶出到地表径流中的溶解性溶质的流失规律,而 γ 的表达式为:

$$\gamma = e^{-gt} \tag{3-4}$$

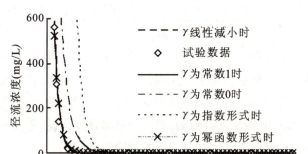

图 3-10 本文中 α 为常数且 γ 随时间减小时的模拟值与 Ahuja 和 Lehman[46] 的试验数据对比

优化得到的参数 g 值见表 3-3,因为参数 g 为正,所以 γ 的值在 0 和 1 之间变化,本文模型的模拟值理论上应该在 γ 值为常数 0 和 1 之间变化,但由图 3-10 可见,由指数形式的 γ 得到的模拟的地表径流中溶解性溶质浓度值比 γ 值为常数 0 时得到的模拟值偏离试验数据更远,模拟效果更差。这可能是由于指数形式的 γ 的积分小于 0

的原因引起的,而选定的 γ 的积分应该不小于 0 时得到的模拟值与试验数据吻合较好。

上面的讨论表明当 γ 值随时间按照线性或者幂函数形式减小或者 γ 值为常数 1 时,由模型得到的模拟值与试验数据都吻合较好,为了便于比较,选定最好的 γ 值的表达形式,采用观测值和模拟值的差值的平方和 F:

$$F = \sum_{N=1}^{10} (C_{wN} - C_{wmN})^2 \tag{3-5}$$

式中,C_{wN} 为第 N 个模拟的溶质浓度值,而 C_{wmN} 为第 N 个观测的溶质浓度值。由各种形式的 γ 值得到的 F 值见表 3-4。

表 3-4 三种不同形式的 γ 值得到的模拟值与 Ahuja 和 Lehman[46] 中的观测值的差值的平方和

不同形式的 γ	$\gamma = 1 - et$	$\gamma = 1$	$\gamma = t^{-h}$
F	14373	12852	9824

由表 3-4 可见,即使三种不同形式的 γ 值得到的模拟值与观测值都很吻合,但是 γ 值为常数 1 时的 F 值比 γ 值随时间线性减小时的 F 值小。这主要是因为,虽然前人[46]研究中的初始饱和土壤试验是在自由排水的情况下进行的,相对于降雨强度来说,土壤入渗率依然占很大的比重,以至于可以忽视溶质的弥散作用。

γ 值为幂函数形式时的 F 最小,这表明在三种形式中,幂函数形式是最好的。γ 值为幂函数形式和常数 1 时的 F 值都很大,但是两者的差值很小,这表明在整个降雨过程中,饱和土壤的地表径流中的溶解性溶质的流失对 γ 值不敏感,这主要是因为参数 h 值比 1 小,幂函数形式的 γ 的积分随着时间增大且比 0 大。由此可得到结论,在降雨早期,即使是初始饱和的土壤,土壤入渗水带走的溶解性溶质依然占很大的比重。

3.2.2.3 α 和 γ 随时间线性变化时的模型验证分析

当参数 e 为 0 时,参数 γ 值为常数,在本节假定 α 随时间线性变化或者为幂函数形式。线性变化的形式表达为：

$$\alpha = 1 - jt, \gamma = 1 - e_1 t \tag{3-6}$$

其中参数 j 为 α 随时间的变化率。

因为大部分的溶质在前 10 分钟内流失到地表径流中(图 3-10)，所以为了让图形看得更清楚，在图 3-11 中仅仅展示了此阶段的模拟值以及观测值，相应的参数值见表 3-3 和表 3-5。

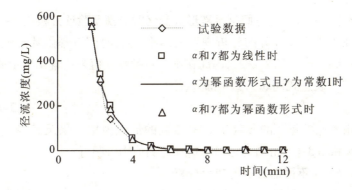

图 3-11　α 随时间变化时的模拟值与 Ahuja 和 Lehman[46] 的试验数据对比

表 3-5　　　　　优化得到的 Ahuja 和 Lehman[46] 中试验参数

h_{mix}/(m)	e_i	K	j	n	m
0.002	0	0.07	0.016	0	0.07

由图 3-11 可见，模拟值与试验值吻合较好，适配得到的最优 e_1 值为 0，因此参数 γ 值为常数 1，其分析与前面同。在整个降雨过程中，参数 α 值随着时间减小且在 0 与 1 之间，这在物理意义上是合理的。在 3.2.2.2 部分，参数 α 值为常数 0.8，而在此部分的降雨后期，随时间线性变化的参数 α 值较 0.8 小很多。这表明在降雨后期，土壤混合层中的溶质浓度很低，不管 α 值是大还是小，其对地表径流中溶解性溶质的迁移过程几乎没有影响。

3.2.2.4　α 随时间幂函数形式变化且 γ 为常数时的模型验证分析

由上面的分析结果可知，参数 γ 值为常数时的模拟值比其随时间线性减小时的模拟值更接近观测值一些，α 值的幂函数形式为：

$$\alpha = t^{-k}, \gamma = 1 \tag{3-7}$$

通过优化得到的参数值见表 3-5，模拟值与观测值的对比见图 3-11，且由图 3-11 可见，地表径流中溶质的模拟值与前人[46]研究中的观测值吻合较好，参数 k 为正，在试验初期 α 值与 3.2.2.2 部分的 0.8 较接近，同前面的分析，这主要是由于地表径流的溶质流失以早期径流为主。

3.2.2.5 α 和 γ 随时间幂函数形式变化时的模型验证分析

在 3.2.2.2 部分的分析中发现，γ 值随着时间以幂函数形式变化时得到的模拟结果最好，因此在本节对参数 γ 值采用幂函数形式，而 α 值的表达式同 3.2.2.4 部分，故：

$$\alpha = t^{-m}, \gamma = t^{-n} \tag{3-8}$$

由幂函数形式的参数 α 和 γ 得到的最优模拟结果及其参数见表 3-5 和图 3-11，由图可见模拟值和观测值吻合很好。

3.2.2.6 α 不同形式时的对比分析

同 3.2.2.2 部分，不同的组合时的 F 值列于表 3-6。当参数 α 和 γ 都随着时间线性变化时，γ 变为常数 1，与表 3-4 中 α 值为常数时进行比较，此部分的 F 值较前面的小很多，这表明采用随着时间变化的参数 α 时，模拟结果得到了较明显的改进。在表 3-6 中，参数 j 值较小，但是其模拟结果比参数 α 值为常数时好很多，这表明地表径流中的溶质流失对参数 α 很敏感，因此，即使在土壤入渗率很高的情况下，地表状况仍然显著地影响着土壤中溶解性溶质向地表径流中的迁移过程。当采用幂函数形式的 α 值时，其模拟结果较线性形式的 α 值的模拟结果好，因此 F 值也较小。

表 3-6　三种不同形式的 α 值得到的观测值和模拟值的差值的平方和

三种组合	$\alpha = 1-jt, \gamma = 1-e_1 t$	$\alpha = t^{-m}, \gamma = t^{-n}$	$\alpha = t^{-k}, \gamma = 1$
F	5091	2985	2985

当非完全混合参数 α 和 γ 都为幂函数形式时，得到的 F 值与 α

为幂函数形式但 γ 为常数 1 时的 F 值相同,这主要是因为当 γ 为幂函数形式时,其参数 n 为 0,使得 γ 值仍然为常数 1。但是在模拟计算过程中,F 值将随着参数 n 的减小而降低,这使得在降雨后期,γ 值随着时间增大。这表明,如果在降雨后期,人为地增大 γ 值,模拟结果将会更好,但是在物理意义上,γ 应小于 1 且随着时间减小。从另外一个角度来看,可以想象到在降雨径流后期,土壤的溶质主要流失在地表径流中。

3.2.3 模型的试验验证

3.2.3.1 初始非饱和土壤

由于试验土壤为均匀的沙土,其饱和入渗率大于降雨强度,为了降低沙土的稳定入渗率,将底部排水孔出口置于距土槽底部 23.2cm 高度处,使得地表产生积水和径流,试验所用的物理参数见表 3-7。试验中最大积水深度为 0.5cm,将降雨开始时间记为 0,整个试验持续 198min。在试验中观测到 $t_p = 75$min、$t_r = 80$min 和 $t_s = 88$min 很接近,故无法观测积水的增长过程,因此将积水到稳定径流时的土壤入渗率看作是一个常数值(见表 3-7),即土壤入渗率随时间下降的斜率 $a = b = 0$。试验观测时间 $t_r = 80$min,用此常数值计算得到产生径流的理论时间为 80.9min,两者很接近,故采用此常数值是合理的。

表3-7 非饱和土壤验证模型中所用的模型及试验参数值表

饱和浓度 C_0/ (mg·l^{-1})	饱和含水率 θ_s	初始含水率 θ_0	降雨强度 P/ (cm·min^{-1})	土壤容重 ρ_s/ (g·cm^{-3})	积水到径流时入渗率 i/ (cm·min^{-1})	稳定入渗率 i/ (cm·min^{-1})
25997.3	0.443	0.046	0.097	1.47	0.012	0.007

混合深度层 $h_{mix}*$/ (cm)	非完全混合系数 $\alpha*$	非完全混合系数 $\gamma*$	积水时间 t_p/(min)	径流时间 t_r/(min)	径流稳定时间 t_s/(min)	
1.5	1.0	0.7	75	80	88	

注:带 * 号的为本文模型通过模拟得到的参数,其他为本次的试验参数。

3.2.3.2 初始饱和土壤

对同样的初始饱和沙土($\theta_0 = \theta_s$)进行模拟降雨试验,试验所用的物理参数见表3-5,其中试验土壤的最大积水深度为0.2cm。本试验在整个模拟降雨期间,将底部排水孔出口置于距土槽底部23cm高度处,因此试验土壤的饱和入渗率为常数且小于降雨强度,不同阶段的土壤入渗率可表达为$i(t) = i_1 = i_2 = i_s$。由于本试验土壤是初始饱和的,因此试验一开始模拟降雨就产生积水,且在二层模型中,模型参数分别为$t_{sa} = t_p = 0, t_r = t_s$。观测到$t_r = t_s = 3\text{min}$,且整个模拟降雨时间持续了$146\text{min}$,在稳定入渗率和最大积水深度(见表3-8)下,由理论可以计算得到$t_r = h_p(t_r)/(p-i) = 0.2/(0.098 - 0.032) = 3.05\text{min}$。由此可见,观测值和理论计算值比较接近,因此采用表3-8中稳定入渗率值是合理的。

表3-8 饱和土壤验证模型中所用的试验及模型参数值表

饱和浓度 C_0/ $(\text{mg} \cdot \text{l}^{-1})$	饱和含水率 θ_s	初始含水率 θ_0	降雨强度 P/ $(\text{cm} \cdot \text{min}^{-1})$	土壤容重 ρs/ $(\text{g} \cdot \text{cm}^{-3})$	积水到径流时入渗率 i_1/ $(\text{cm} \cdot \text{min}^{-1})$	稳定入渗率 i_2/ $(\text{cm} \cdot \text{min}^{-1})$
62960	0.443	0.443	0.098	1.47	0.032	0.032
混合深度层 h_{mix}^*/ (cm)	非完全混合系数 γ^*	非完全混合系数 α^*	积水时间 t_p/(min)	径流时间 t_r/(min)	径流稳定时间 t_s/(min)	
0.1	1	0.134	3	3.5	5	

注:带 * 号的为本文模型通过模拟得到的参数,其他为本次的试验参数。

3.2.3.3 初始非饱和与饱和土壤的对比

图3-12给出了本文初始非饱和壤的试验数据与本文模型的模拟值的对比情况,由图可知,试验中地表径流的时间持续约120min,本文的解析解可以很好地反映试验数据的变化趋势,尤其在径流溶质浓度很大时两者吻合良好,而这在溶质的径流流失过程中起到主要作用。尽管在径流后期,KCl浓度的模拟值比观测值小,但是它们的浓度值都很小,在整个溶质的地表径流损失中不占主要地位,从而

3.2 模型的验证

说明本文的初始非饱和土壤的二层解析模型是精确可靠的。而图 3-13 为本文初始饱和土壤模型的模拟值与试验数据的对比情况,由图可见,在整个地表径流过程中试验值和模拟值吻合很好,进一步说明,本文的二层解析模型不仅可以应用于初始非饱和土壤,也适用于初始饱和土壤。

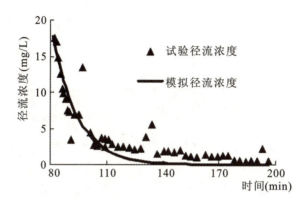

图 3-12 初始非饱和土壤的试验数据与模拟结果的对比

得到图 3-12 对应的参数 α,γ 和 h_{mix}(见表 3-7),对于初始非饱和土壤,模拟结果对参数 γ 和 h_{mix} 很敏感,但对 α 不敏感。然而,对于初始饱和土壤,模拟结果对参数 α 和 h_{mix} 很敏感,对 γ 不敏感。通过曲线适配得到初始非饱和与饱和试验土壤的参数 α,γ 和 h_{mix}。

对于初始非饱和土壤,曲线适配值 h_{mix} 为 1.5cm(见表 3-7),但是在前人[46,56,94]的研究中其值小于 0.5cm。其差别主要是由本文采用的试验初始条件与参考文献中不同引起的。因为本文中的试验土壤初始非饱和,所以雨水开始需要用来饱和土壤,使得土壤表面积水所需要的时间变长(t_p = 75min)。在积水发生前的这一段时间内,雨滴将直接打击地表,导致土壤混合层深度变深。与参考文献对比,这些现象可以用来解释为什么土壤中 KCl 溶质进入到地表径流中的程度更深且与径流有关的非完全混合系数更大 α = 1.0(见表 3-7)。与入渗有关的非完全混合系数 γ 为 0.7(见表 3-7),这表明在试验土壤被饱和后 KCl 溶质向上弥散,且由于弥散向上运动的溶质为由于入渗水向下迁移的溶质的30%,因此入渗对流在溶质运移中起到主要作用。

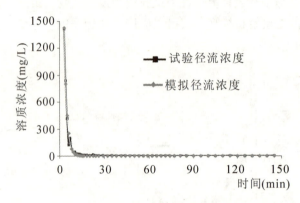

图3-13　初始饱和土壤的试验数据与模拟结果的对比

对于初始饱和土壤,模拟降雨一开始就产生地表积水,而地表的积水层对地表起到保护作用使得地表没有受到雨滴的直接打击。因此,曲线适配得到的h_{mix}值为0.1cm(表3-8),比初始非饱和土壤的值(表3-7)小很多。与初始非饱和土壤进行对比,初始饱和土壤相应的与径流有关的参数$\alpha=0.134$(见表3-8)也较小。初始饱和试验土壤的排水出口较初始非饱和土壤低,因此前者的饱和稳定土壤入渗率($i=0.032$)较后者($i_1=0.012,i_s=0.007$)高,致使入渗率在降雨中起到主要作用且与入渗有关的非完全混合参数$\gamma=1$(见表3-8)也较大。在初始饱和试验土壤中,由于入渗向下对流的KCl溶质比向上弥散的KCl溶质大得多,导致可以忽视在土壤混合层下面的弥散过程而引起γ值达到最大($\gamma=1$)。

对比初始非饱和与饱和试验土壤,可以发现尽管两者的初始饱和溶质浓度在同一个量级,初始饱和试验土壤中地表径流的KCl溶质浓度值是初始非饱和试验土壤的2个量级。这个差别可以解释为初始非饱和试验土壤的入渗率比较小,需要很长时间才能使得地表开始产生积水,因此在产生积水之前土壤混合层中大部分的KCl溶质随着入渗水进入到土壤混合层下面。而对于初始饱和试验土壤,地表积水在模拟降雨开始就产生,土壤混合层中 KCl 溶质溶出到地表,且很快就产生地表径流($t_r = 3\text{min}$)。故此,即使初始饱和土壤的入渗率很高,但当地表产生径流时土壤混合层中的 KCl 溶质浓度仍然很高,且地表径流中的 KCl 溶质浓度也很高。

上述分析表明,即使初始饱和土壤的最大积水层深度($h_p(t_r) = 0.2\text{cm}$)比初始非饱和土壤($h_p(t_r) = 0.5\text{cm}$)的浅,在初始非饱和土壤被饱和前无地表无积水作为地表保护层,雨滴直接打击地表引起土壤混合层深度更大以及相应的与地表径流有关的参数 α 更大。此结果说明加强地表覆盖时一个有效地降低土壤中溶质流失到地表径流的措施。

而由于初始饱和土壤的排水出口比初始非饱和土壤低,因此前者的土壤入渗率较高,致使与入渗有关的非完全混合系数以及被相应入渗水带走的 KCl 溶质较大。总之,土壤入渗率越大,与入渗有关的非完全混合系数 γ 越大且被入渗水带走的溶质越多,所以降低土壤入渗率是一个降低土壤中溶质流失到地下并给地下水带来污染的重要途径。

由于初始非饱和与饱和试验土壤的地表径流中模拟的溶质浓度对土壤混合层深度参数 h_{mix} 都很敏感,因此可以通过曲线适配得到准确的 h_{mix} 值。在经过雨滴直接打击地表很长时间后,参数 α 值变得很大且敏感性减小。同样,随着入渗率的增大,参数 γ 增大,但是其增长速率减小。故此,如果在自由排水状态下进行土槽试验,可以想象将得到很大的入渗率以及 γ 值。进一步,如果在试验过程中初始饱和土壤无地表积水,地表暴露在雨滴打击下,参数 α 值将很大。以前的学者[46]在此状态下进行试验,因此在他们的完全混合理论下,α 和 γ 值都为最大值 1.0。所以本文中方法是以前研究的一般化研究。

为了从量化角度来分析土壤中溶质流失到地表径流过程对参数的敏感性,在初始非饱和与饱和试验下,不同组合的参数以及相应情况下模拟值与试验数据的差值随径流时间的变化见图 3-14 和图 3-15。用参数 Dif(整个模拟径流中模拟值与试验数据差值平方的均值)来决定预测的准确性,其表达式为:

$$\text{Dif} = \sqrt{\frac{1}{N}\sum_{i=1}^{N}(c_i^c - c_i^e)^2} \qquad (3\text{-}9)$$

式中，N 为试验观测数据的个数，c_i^c 为第 i 个观测数据 c_i^e 所对应的模拟数据。显然，Dif 值越小表明在所选参数值下的预测越准确。

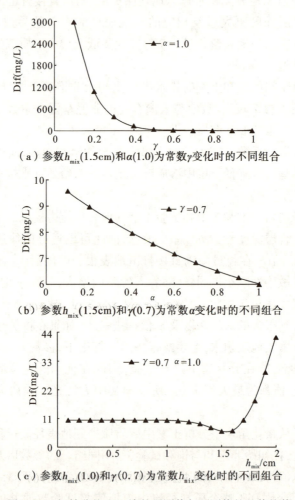

(a) 参数 $h_{mix}(1.5cm)$ 和 $\alpha(1.0)$ 为常数 γ 变化时的不同组合

(b) 参数 $h_{mix}(1.5cm)$ 和 $\gamma(0.7)$ 为常数 α 变化时的不同组合

(c) 参数 $h_{mix}(1.0)$ 和 $\gamma(0.7)$ 为常数 h_{mix} 变化时的不同组合

图 3-14　初始非饱和土壤的观测值与预测值的差值均值

3.2 模型的验证

图 3-14 分别显示了在初始非饱和试验土壤下变量 α,γ 和 h_{mix} 值对 Dif 的影响。图 3-14(a) 表明在 $\alpha(1.0)$ 和 $h_{\text{mix}}(1.5\text{cm})$ 为常数时(见表 3-7),γ 值的变化对 Dif 的影响。当 γ 从 0.1 变化到 1.0 时, Dif 值从 2980mg/L 减小到 10.0mg/L, 相差 2 个量级。这表明在初始非饱和试验土壤下模型对参数 γ 很敏感。图 3-14(b) 显示了在参数 h_{mix}(1.5cm) 和 γ(0.7) 为常数时参数 α 的变化对 Dif 对影响。可以看到,当 α 从 0.1 变化到 1.0 时, Dif 值从 9.6mg/L 变化到 6.0mg/L, 其变化显然比图 3-14(a) 多。此结果表明, Dif 值对 α 的变化不是很敏感。同样图 3-14(c) 显示了在参数 α(1.0) 和 γ(0.7) 为常数时, 参数 h_{mix} 从 0.1cm 变化到 2.0cm 时对 Dif 对影响。在图 3-14(c) 中, Dif 的变化较图 3-14(b) 小, 但是比 3-14(c) 大。此结果证明了前面的结论, 对初始非饱和试验土壤, 土壤中溶质迁移到地表径流过程对 h_{mix} 的敏感程度较 α 大。另外, 溶质的地表径流流失对 γ 的敏感程度较 h_{mix} 大。一句话, 在初始非饱和土壤中, 土壤的地表径流流失对参数 γ 的敏感程度最大, 对参数 α 的敏感程度最小。

同图 3-14, 图 3-15(a)–(c) 分别显示了在初始饱和试验土壤中变量 α,γ 和 h_{mix} 值对 Dif 的影响。图 3-15(a) 表明在 $\alpha(0.134)$ 和 $h_{\text{mix}}(0.1\text{cm})$ 为常数时(见表 3-8),γ 值的变化对 Dif 的影响。当 γ 从 0.1 变化到 1.0 时, Dif 值从 1648mg/L 减小到 22.5mg/L, 且曲线形状和图 3-14(a) 很相似, 但是变化速率要小一些。图 3-15(b) 显示了在参数 h_{mix}(0.1cm) 和 γ(1.0) 为常数时参数 α 的变化对 Dif 的影响。从图可以看出, Dif 随着 α 的增大而显著增大, 此现象和初始非饱和土壤中的图 3-14(b) 不同, 进一步可以看到, 当 α 从 0.134 变化到 1.0 时, Dif 从 22.5mg/L 增大到 4798mg/L。此结果表明, 对初始饱和土壤来说, 土壤溶质的地表径流流失对 α 很敏感。同样图 3-14(c) 显示了在参数 α (0.134) 和 γ (1.0) 为常数时, 参数 h_{mix} 从 0.1cm 变化到 2.0cm 时对 Dif 的影响。从图中可以看到, 当 h_{mix} 值为 0.1cm 时, Dif 达到最小值, 且当 h_{mix} 值偏离 0.1cm 时, Dif 值从 22.5mg/L 显著增加到 2164mg/L。总而言之, 土壤溶质的地表径流流失对 α 最敏感, 对 γ 最不敏感。

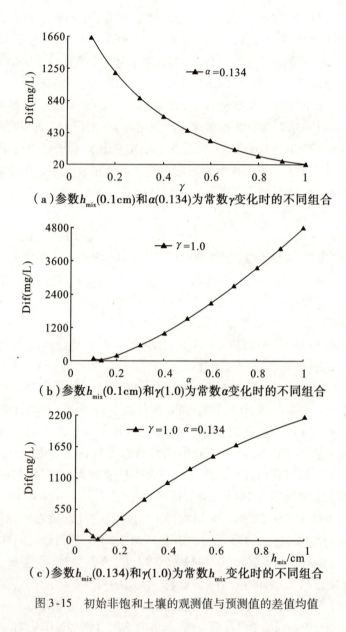

(a) 参数 h_{mix}(0.1cm)和 α(0.134)为常数 γ 变化时的不同组合

(b) 参数 h_{mix}(0.1cm)和 γ(1.0)为常数 α 变化时的不同组合

(c) 参数 h_{mix}(0.134)和 γ(1.0)为常数 h_{mix} 变化时的不同组合

图 3-15　初始非饱和土壤的观测值与预测值的差值均值

3.2.4 小结

通过试验数据和数学模拟结果的分析,表明本文中的二层解析解模型是一个准确、简单、可靠的计算土壤溶质地表径流流失的方法,且此模型可以同时应用到初始饱和与非饱和土壤的溶质地表径流流失模拟中去。即使初始饱和溶质浓度在同一个量级,初始饱和土壤中溶解性溶质的地表径流流失浓度比非饱和土壤的高出两个量级。通过分析表明,通过加强地表覆盖可以有效地减小土壤中溶解性溶质的地表径流流失。

3.3 非饱和土壤的不同特性对土壤溶质地表径流流失的影响

自然界土壤的分布是无规律和复杂的,在农田中土壤特性在空间上的分布是不均匀和异质的(即空间变异性)[195-197],不同质地或者同一质地的土壤的物理特性参数如饱和入渗率、含水率、干容重和各种粒径的组成等值常常是不同的。下面通过本文提出的模型来阐述非饱和土壤的不同特性对土壤溶质的地表径流迁移过程的影响。

3.3.1 非饱和土壤的吸附性能对土壤溶质径流流失的影响

对于非饱和土壤物理参数见表 3-7,用来考察非饱和土壤的吸附特性对溶质径流流失过程的影响,分别吸附能力较大($k_d=1$)和不考虑吸附性($k_d=0$)与较小($k_d=0.3$)三种情况进行了对比计算,所得到的土壤溶质的地表径流溶质浓度变化过程如图 3-16 所示。

由图 3-16 可见,在土壤初始溶质总浓度一定时,非饱和土壤的吸附能力增强,土壤溶质流失到地表径流水中去的能力将增强。这主要是由于非饱和土壤的吸附能力较强时,其抑制土壤溶质随土壤混合层的入渗水流失下去的能力将增强,故在地表产生径流时($t_r=80\mathrm{min}$),吸附性能较强的土壤中含有的溶质总量较大,而土壤中溶解性和吸附性的溶质处于线性平衡状态,在地表径流中忽略微量土壤颗粒,即不考虑径流水中吸附性溶质,这使得径流产生时土壤混合层中的溶解性溶质浓度值也较高,因此地表径流水中溶解性溶质的浓度值也高些。所以,为了减小土壤混合层溶质的径流迁移流失作用,可以选用吸附性不强的土壤。

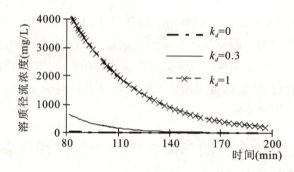

图 3-16 非饱和土壤不同吸附分布系数对溶质径流流失的影响

3.3.2 非饱和土壤的容重对土壤溶质径流流失的影响

土壤容重 ρ_s 反映了土壤的松紧程度,而土壤饱和体积含水率 θ_s 与 ρ_s 的关系可以表达为 $\theta_s = 1 - \rho_s/2.65$,其中土壤的土粒容重以 2.65g/cm^3 作为代表值。为了阐述土壤容重对非饱和土壤中溶质的地表径流流失影响,在其他参数(见表 3-4)相同的条件下,取沙质土壤与粘土的容重上下限为 1.1 和 1.8g/cm^3,而实际农田操作中一般土壤的容重为 1.4g/cm^3,一般土壤的容重下限为 1.0g/cm^3,在考虑土壤的吸附性 $k_d = 0.1$ 和不考虑土壤的吸附性 $k_d = 0$ 两种情况下,取非饱和土壤的初始体积含水率为 $\theta_s = 0.1$,针对以下 4 种参数的不同组合进行对比分析讨论:(1) $\theta_s = 0.623, \rho_s = 1.0 \text{g/cm}^3$;(2) $\theta_s = 0.585, \rho_s = 1.1 \text{g/cm}^3$;(3) $\theta_s = 0.472, \rho_s = 1.4 \text{g/cm}^3$;(4) $\theta_s = 0.321, \rho_s = 1.8 \text{g/cm}^3$。通过模拟计算所得到的地表径流中溶解性溶质的浓度变化过程见图 3-17。

从图 3-17 可以看到,无论是不考虑或考虑非饱和土壤的吸附性能,当土壤的容重增大时,土壤溶质的地表径流流失浓度都将明显地降低。这主要是由于非饱和土壤的入渗特性在不变的条件下,土壤

3.3 非饱和土壤的不同特性对土壤溶质地表径流流失的影响

的容重增大表明土壤被压得越紧,这将导致不仅土壤溶质很难溶出地表,而且土壤混合层被饱和的时间变短或提前,土壤混合层中的溶质由雨水渗漏下去的时间提前继而引起被淋洗下去的溶质量将增多。因此,为了有效地控制土壤中溶质的地表径流迁移,可以通过压实非饱和土壤来实现。

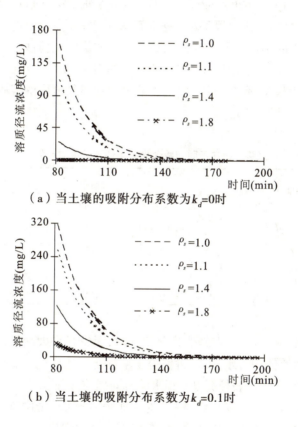

(a) 当土壤的吸附分布系数为$k_d=0$时

(b) 当土壤的吸附分布系数为$k_d=0.1$时

图 3-17 非饱和土壤的不同容重对土壤溶质的径流流失的影响

3.3.3 非饱和土壤的初始含水率对土壤溶质径流流失的影响

当土壤的初始体积含水率不同时,在整个模拟降雨过程中土壤的入渗过程也将不同,因此采用试验数据来研究和探讨非饱和土壤中的初始体积含水率对土壤中溶质的地表径流流失的影响。在不考虑土壤的吸附性能时即 $k_d=0$,取沙土容重 $\rho_s=1.47\text{g/cm}^3$, $\theta_s=0.443$,壤土容重 $\rho_s=1.4\text{g/cm}^3$, $\theta_s=0.476$,试验沙土和壤土的最大积水深度都为 0.5cm,表面初始饱和时的土壤混合层中的溶质浓度亦为相同值 $C_0=62960\text{mg/L}$。进行沙土试验时,壤土进行自由排水,而将底部排水孔出口置于距土槽底部大于 25cm 高度处进行抑制排水,试验中的物理参数见表 3-9,分别针对非饱和试验沙土和壤土的不同初始体积含水率以及试验土壤初始饱和时的两种情况进行了对比试验,由模拟所得到的土壤溶质溶出到地表径流中的溶质浓度的变化过程见图 3-18。

表3-9　试验土壤在不同初始含水率条件下的试验参值

试验土壤	饱和含水率 θ_s	滤水层厚度 $d/(\text{cm})$	初始含水率 θ_0	降雨强度 $P/(\text{cm}\cdot\text{min}^{-1})$	积水时间 $t_p/(\text{min})$	径流时间 $t_r/(\text{min})$	降雨结束时间 $t_e/(\text{min})$
壤土	0.476	5	0.1	0.099	11	20	292
	0.476	5	0.476	0.097	1.45	6	123
沙土	0.443	1.5	0.443	0.097	0	2.5	203.5
	0.28	1.5	0.443	0.098	3.75	5	122

由图 3-18 可见,在其他状况相同时,无论是增大沙土还是增大壤土的初始体积含水率,都将使得土壤混合层达到饱和需要的水量减少,致使产生地表径流以及积水的时间提前,因此产生地表径流时土壤表面的溶质浓度也将越高,流入地表径流水中的溶质也越多。由图 3-18(a)可见,对试验壤土,初始饱和时的试验土壤溶质的地表径流溶质浓度是初始非饱和时的两个量级。所以,为了减小土壤溶质的地表径流迁移,可以通过采取在降雨之前减小土壤的初始体积含水率的有效措施来实现。

3.3 非饱和土壤的不同特性对土壤溶质地表径流流失的影响

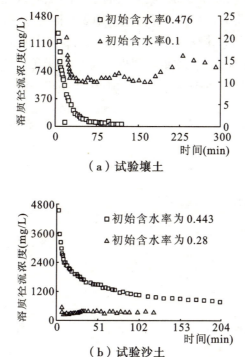

图3-18 非饱和试验土壤在不同初始含水率条件下对土壤溶质的地表径流流失的影响

3.3.4 小结

通过试验数据和本文解析模拟计算分析,探讨了非饱和土壤的不同物理特性,包括土壤的吸附性能、土壤的容重和土壤的初始体积含水率对土壤溶质的地表径流流失过程的影响,通过对比分析表明:①不管是在不考虑或考虑非饱和土壤的吸附性能状况下,将土壤压得越紧,可以有效地降低土壤溶质的地表径流流失,因此在土壤的初始溶质浓度分布相同的条件下,应通过尽可能地压实非饱和土壤来有效地降低和控制土壤中溶质的地表径流流失引起的污染;②非饱和土的吸附能力越大,其抑制土壤溶质随土壤混合层的入渗水流失

59

下去的能力越强,故而使得土壤溶质的地表径流流失的能力越强,以致会增强土壤混合层中溶解性溶质的地表径流流失过程;③当增大非饱和土壤的初始体积含水率时,土壤混合层达到饱和的时间将变短,且产生地表径流及积水的时间也会提前,因此地表径流开始产生时地表中溶质的浓度将增大,进而会增强土壤中溶解性溶质的地表径流流失作用。

第4章 试验结果的分析研究

上一章主要是从模型角度对土壤中溶解性溶质的地表径流流失进行分析,本章将从试验角度来研究在降雨过程中,农田中存在积水层时以及不同的因素对土壤溶质的地表径流流失以及地下排水流失的影响,其研究成果对保护水体生态环境以及防止和控制土壤溶质损失具有重要的现实意义。

4.1 试验结果的分析与讨论

本文对于两种不同的试验土壤——沙土和壤土,分别进行了不同条件下的土壤溶质流失的试验研究,各次试验基本情况见表4-1。在试验中,土壤的初始体积含水率为$\theta_0(cm^3/cm^3)$,土壤产生积水-径流时,地表的最大积水深度记为$h_p(cm)$,为了便于说明,分别对试验进行编号$N=1,2,\cdots$,见表4-1。根据整个试验降雨时间$T(min)$和土槽的水平面积$S(cm^2)$,在不同的模拟降雨强度$P(cm/min)$下,可得到相应的整个试验中的降雨总量$P_s(ml)$:

$$P_s = T \times P \times S \qquad (4-1)$$

其中$S = 30cm \times 100cm = 3000cm^2$。

壤土试验都是在自由排水的条件下进行的,即壤土试验中排水出口处于土槽底部以下。由表4-1可见,对第一次试验沙土即第6次试验进行自由排水时,由于在试验中土壤饱和时的稳定入渗率大于降雨强度,无法使得地表积水和径流产生,在试验过程中仅仅产生地下排水,因此,在其他的沙土试验中,都采取控制排水的方法,即通过三通管把底部排水孔连接起来,然后将其出口置于一定高度处来控制排水。本书中的控制排水高度是通过试验排水出口距离土槽底

第4章 试验结果的分析研究

表4-1 各次试验基本的物理参数表

N	土壤	θ_0	C_0	P_s	P	h	h_g	h_p	h_d	t_d	t_r	C_s	W_r	C_r	C_d	W_b	W_{ps}	W_d
1	壤土	0.1	400	58736	0.116	15	5	—	自由	77.5	—	5.04	—	—	—	—	—	—
2	壤土	0.1	400	47840	0.1	15	5	5	自由	77	95	12.65	36.69	0.01	80.7	1.98	28.22	38.07
3	壤土	0.1	1617	51152	0.093	18	5	2	自由	103	55	—	50.07	0.01	47.58	0.3	38	11.63
4	壤土	0.42	1752	19737	0.098	19.5	5	0.5	自由	—	5	—	84.79	0.71	—	1.99	7.41	5.81
5	壤土	0.1	1752	86797	0.099	19.5	5	0.5	自由	206	20	—	63.98	0.04	15.82	5.92	27.07	3.03
6	壤土	0.476	1752	35747	0.097	19.5	5	0.5	自由	0	6	62.63	81.9	0.25	11.79	3.41	4.2	10.49
7	沙土	0.046	666	37985	0.097	19.5	5	—	自由	56	—	3.26	—	—	88.44	2.42	40.66	56.92
8	沙土	0.046	666	65558	0.098	19.5	5	0.5	23	78	79	—	63.33	0.02	28.95	0.32	34.27	2.08
9	沙土	0.443	1633	52578	0.097	19.7	5	0.3	22	0	7.5	—	51.81	0.02	84.54	0.11	—	48.08
10	沙土	0.443	1633	36273	0.097	19.7	5	0.3	不	—	3.5	69.41	98.34	0.52	—	0.01	1.65	—
11	沙土	0.046	786	57505	0.097	23	1.5	0.5	23.2	83.5	80	—	55.19	0.02	82.03	0.21	35.88	9.14
12	沙土	0.443	1926	42809	0.098	23.3	1.5	0.2	23	0	2.5	—	60.34	0.1	42.5	0.03	—	39.63
13	沙土	0.443	1926	59029	0.097	23.3	1.5	0.2	不	—	2.5	—	99.9	5.41	—	0.1	—	—
14	沙土	0.28	1926	35756	0.098	23.2	1.5	0.3	不	—	5	77.43	99.82	0.67	—	0.18	—	—

部的高度 h_d(cm)来表示,由此可见,当 h_d 值越大时,这表明排水条件越差越不利于排水。而当 $h_d > 25$cm 时,即表示排水出口位置高于径流出口位置时,整个试验中都无法产生地下排水,即在试验中试验沙土是不排水的(也称为抑制排水)。本书用 t_d(min)来表示从试验模拟降雨开始产生排水的时间,当 t_d 用"-"来表示时,说明在整个试验过程中是没有产生排水的。用 t_r(min)来表示试验从模拟降雨开始开始产生地表径流的时间,同样,当 t_r 用"-"来表示时,表明在整个试验过程中是没有径流产生的。

在试验过程中,地下排水中流失的溶质总质量记为 M_d(g)来表示,而整个试验土壤剖面的初始总溶质质量用 C_0(g)来表示,则地下排水溶质质量百分比 C_d(%)可以表达为:

$$C_d = M_d/C_0 \times 100\% \tag{4-2}$$

当 C_d 用"-"来表示时,说明在试验过程中没有产生排水。在试验结束后,对试验土壤挖土取样进行进一步的分析,可以得到试验结束后土壤中所含溶质总质量 M_s(g),则土壤溶质质量百分比 C_s(%)的表达式如下:

$$C_s = M_s/C_0 \times 100\% \tag{4-3}$$

当其用"-"来表示,表明在试验结束后未对试验土壤进行挖土取样分析。

同样,在整个试验过程中,地表径流中流失的溶质总质量用 M_r(g)来表示,则地表径流溶质质量百分比 C_r(%)表示为:

$$C_r = M_r/C_0 \times 100\% \tag{4-4}$$

当 C_r 用"-"来表示时,说明在试验过程中没有产生地表径流。

同理,将挖土取样前或者试验过程中的地下排水总水量用 M_{dv}(mL)来表示,可得到在整个试验中地下排水流失水量的百分比 W_d(%)为:

$$W_d = M_{dv}/P_s \times 100\% \tag{4-5}$$

当其表示为"-"时,表明在整个试验过程中没有产生排水。

在试验过程中,将使得试验土壤剖面饱和所需储蓄的水量与试验土壤达到最大积水深度之和用 M_{psv}(mL)来表示,则可以得到积水-土壤饱和蓄水百分比 W_{ps}(%)为:

$$W_{ps} = M_{psv}/P_s \times 100\% \qquad (4-6)$$

同样,"−"表示在试验中此部分计算到前面的排水和径流中或没有产生地表径流。在试验过程中,将地表径流的总水量用 M_{rv} (mL)来表示,则可以得到在整个试验过程中,地表径流损失水量的百分比 $W_r(\%)$ 的表达式为:

$$W_r = M_{rv}/P_s \times 100\% \qquad (4-7)$$

则在整个试验中对水量平衡进行计算时存在的误差 $W_b(\%)$ 可以表达为:

$$W_b = W_r + W_d + W_{ps} - 1 \qquad (4-8)$$

由此可见,当 W_b 的绝对值较小时表示在试验中水量平衡的误差也较小,当完全没有任何误差时,其值为 0 时,即表示整个试验完全遵守水量平衡定律。

由表 4-1 可看到,当不考虑底部滤水层的影响时,在试验误差允许的范围内,各次模拟降雨试验基本上都是保持水量平衡的。这主要是由于相对于各次试验中的总降雨量而言,底部滤水层储蓄的水量非常小,几乎可以忽略不计。但是滤水层所储蓄的溶质质量相对于初始总溶质质量而言还是比较大的,无法忽视它的影响,导致在进行溶质质量的计算时难以进行溶质质量守恒的检验(见表 4-1)。

同时,由表 4-1 可见,除了在第二次试验中,地下排水量比地表径流水量稍微小一点之外,在每一次有地表径流产生的试验中,地下排水量都比地表径流水量小,但是在地下排水中损失的溶质质量比在地表径流中流失的溶质质量大很多。这主要是因为在室内模拟降雨条件下,大多数的土壤溶质是被雨水冲洗下去的,直接导致地表径流水中的溶质浓度比地下排水中的溶质浓度低很多。由此可见,土壤溶质的损失以地下排水流失为主,所以在以下主要分析和讨论试验中的各种不同因素对土壤溶质的地下排水流失和地表径流流失的影响时,同时做出各种不同试验状况下土壤溶质在地下排水中流失的质量速率过程图。

4.1.1 土壤初始体积含水率对溶质流失的影响

从表 4-1 中可以看到,其他条件基本相同,而仅仅土壤的初始体

积含水率 θ_0 不同的试验分别是试验 4、5 和 6,但是同时也可以看到,试验 4 在整个降雨过程中没有产生地下排水,故选取试验 5 和 6 进行对比分析来探讨试验土壤不同的初始体积含水率对土壤溶质地表径流和地下排水流失的影响,其中壤土试验 5 和 6 中土壤的初始体积含水率 θ_0 分别为 0.100 和 0.476(表 4-1)。在各个不同时刻地下排水中溶解性溶质流失的质量速率值(mg/min)等于相应时刻收集到的排水速率值(mL/min)与底部排水的溶质浓度值(mg/mL)之积,而图 4-1 展示了试验中地下排水中溶解性溶质流失的质量速率随时间的变化过程。

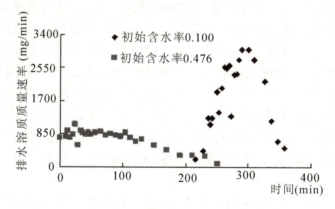

图 4-1 试验在不同的初始体积含水率时地下排水中溶质流失的质量速率随时间变化的过程

由表 4-1 可见,试验土壤的初始体积含水率 θ_0 减小,开始产生地下排水的时间 t_d 增大,且土壤剖面达到饱和所需要的水量增多,故引起地表径流量百分比 W_r 和地下排水量百分比 W_d 减小。而在产生地下排水之前,土壤溶质被用来饱和土壤剖面的雨水冲洗下去,所以产生地下排水后,地下排水中的溶质浓度很高,引起地下排水中的溶质质量速率较高(见图 4-1),进一步导致地下排水中溶质质量的百分比 C_d 也较高。但是,试验土壤的初始体积含水率 θ_0 越低,使得开始产生地表径流的时间 t_r 将会推迟,且在产生地表径流之前,实验土壤表面大多数的溶质已被雨水冲洗下去,导致土壤溶质流失到地表径流中的溶质浓度非常小,进一步导致地表径流中溶质质量百分比 C_r 也非常小。

从表4-1中可以看到,地下排水中溶质的损失是土壤溶质流失的主要部分,所以试验土壤的初始体积含水率 θ_0 降低,将会导致地表径流和地下排水中流失的溶质质量之和的百分比($C_r + C_d$)增大,即会降低土壤溶质的有效利用程度。

4.1.2 降雨强度对溶质流失的影响

从表4-1中可以看到,在试验3中的降雨强度值是最小的,与试验3的其他条件(土壤质地,土壤初始含水率等)较接近的有试验5和2,但是试验2和3的土壤厚度差值(18.0 − 15.0 = 3cm)比试验5和3(19.5 − 18.0 = 1.5cm)的土壤厚度差值大,且在试验3和5中单位深度土壤溶质的初始浓度是相同(89.83g/cm 或 62960mg/L)的。且在试验1中没有产生地表径流,而试验4中各次试验的降雨强度 P 值非常接近以致可以看作是相等的,因此为了研究各次试验中的降雨强度对试验土壤溶质的地表径流和地下排水损失规律的影响,并尽量减小其他不同试验条件的影响,选取试验3和5进行对比分析和讨论。

由表4-1可见,在这两次壤土试验3和5中,土壤的滤水层厚度 h_g 都为5cm,初始体积含水率 θ_0 都为0.1,试验土壤剖面的厚度 h 为18cm和19.5cm,降雨强度 P 分别为0.093cm/min 和 0.099cm/min。在试验过程中,分别得到壤土试验3和5中地下排水中溶质流失的质量速率随时间的变化过程见图4-2。

由表4-1可见,在试验5中降雨强度 P 较大,而较大的降雨强度将引起产生地表径流所需要的时间 t_r 提前,相应的地表径流溶质质量百分比 C_r 及地表径流量百分比 W_r 都将增大,而地下排水溶质质量百分比 C_d 和地下排水量百分比相应地将减小。这主要是因为在自由排水的情况下,相同土壤达到饱和时的土壤入渗率为饱和稳定入渗率,也即排水速率是相等的,所以当试验中降雨强度 P 增大时,地表径流的速率也将增大,这直接引起地表径流损失水量的百分比

W_r 也增大,而地下排水量的百分比 W_d 减小。

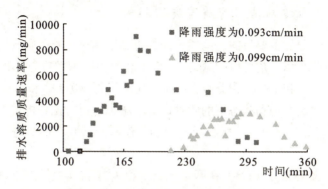

图4-2 试验在不同降雨强度时地下排水中
溶质流失的质量速率随时间变化的过程

从另一个方面来看,当滤水层厚度 h_g 相等时,在试验3中,试验土壤厚度 h 较小,因此试验3的地表最大积水深度 h_p 较大,使得土壤水经过入渗而从底部排出的路径减短,且土壤达到饱和所需要的水量减少,由达西定律可知当地表的最大积水深度较大时,地表处的土壤入渗率将增大,这导致开始产生地下排水的时间较短。而从图4-2中可以看出,在试验3中降雨强度 P 较小,但是由于通过地下排水途径流失的水量相对较多,因此引起地下排水溶质质量速率较大,且在试验中排水时间 t_d 较早,引起地下排水中溶解性溶质质量的百分比 C_d 较高(表4-1)。

尽管从表1中可以看到,试验5中由于地表最大积水深度值 h_p 较小引起 W_{ps} 比试验3小,但试验5和3的 W_r(63.98% − 50.07% = 13.91%)差值却较试验3和5的 W_{ps} 差值(38.00% − 27.07% = 10.93%)大,这表明降雨强度仍然起到主要作用。进一步说明,试验5和3中地下排水和地表径流流失之和的百分比($W_r + W_d$)很接近(分别为 63.98% + 3.03% = 67.01% 和 50.07% + 11.63% = 61.70%),试验5中溶质在地表径流和地下排水中损失的溶质质量之和的百分比($C_r + C_d$ = 0.04% + 15.82% = 15.86%)较试验3(0.01% + 47.58% = 47.59%)小。由此可见,降低降雨强度 P 将会降低土壤溶质的有效利用程度。

4.1.3 土壤质地对溶质流失的影响

本部分的主要目的是阐述不同的土壤质地对土壤溶质流失的影响。由前面第3章可以知道,由于壤土和沙土的颗粒容重不同可以导致土壤饱和水分体积分数 θ_s 不同,其值分别为0.443和0.476,因此选取初始非饱和状态下的两种试验土壤来进行对比分析是不合适的,故本文选取两种土壤在初始饱和状态时的试验6和9进行对比分析。

从表4-1可以看到,在两个试验6和9中,除了是两种土壤初始饱和之外,降雨强度 P、土壤的初始溶质浓度(都为62960mg/L)等条件基本相同,且试验土壤剖面深度 h 也很接近。由于沙土试验的降雨强度 P 小于试验土壤的饱和入渗速率,沙土试验7在进行自由排水时,无法产生地表径流,因此试验9通过将排水出口放在22cm处来进行控制排水。在整个试验6和9中,土壤溶质的地下排水溶质流失的质量速率随时间的变化过程见图4-3。

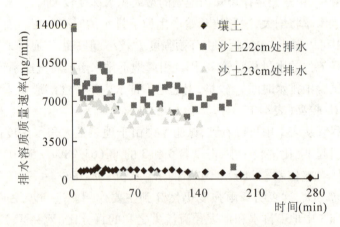

图4-3 不同质地的试验中的地下排水中
溶质流失的质量速率随时间的变化过程

由图4-3可见,当两种试验土壤都进行地下排水时,虽然壤土的初始总溶质质量比沙土大,但是壤土溶质在地下排水中流失的质量速率比沙土小很多。这主要是因为在两种试验土壤都处于初始饱和状态时,尽管沙土的排水出口处于 22cm 高度处进行控制排水,但是沙土的地下排水速率仍然比自由排水的壤土大,导致壤土的排水量更小,所以壤土溶质在地下排水中流失的质量速率将更小一些,进而导致壤土溶质在地下排水中流失的质量百分比(C_d)也较低,这些可以从表 4-1 中的计算数据得到应证。

进一步,由表 4-1 可以看到,壤土的排水速率较小引起相应的地表径流量减大,故沙土的地表径流量的百分比 W_d 减小,沙土中的地表径流溶质质量百分比 C_r 也相应降低,但是总体说来,沙土试验中的地表径流和地下排水溶质质量之和的百分比($C_r + C_d$)较大。

为了进一步减小沙土的地下排水速率,选取初始饱和的沙土试验 12 进行对比分析,其中试验 12 中地下排水出口位置 h_d 比试验 9 中的 h_d 值高,即沙土试验 12 较沙土试验 9 更难排水一些,且地表溶质质量和径流量流失百分比($C_r = 0.10\%$ 和 $W_r = 60.34\%$)较试验 9(0.02% 和 51.81%)大,而地下溶质质量和排水量损失百分比($C_d = 42.50\%$ 和 $W_d = 39.63\%$)较试验 9(84.54% 和 48.08%)小。由表 4-1 可见,在试验 6 和 9 的对比分析中,试验 6 的 W_d 和 C_d 值(10.49% 和 11.79%)较试验 9(48.08% 和 84.54%)小,且试验 6 的 W_r 和 C_r 值(81.90% 和 0.25%)较试验 9(51.81% 和 0.02%)大。由此可见,试验 9 和 6 的差别较试验 12 和 6 大,但是试验 9 和 6 的对比情况与试验 12 和 6 相同,其原因分析同上。

由以上的分析可知,壤土进行自由排水的情况下,即使沙土在排水条件较差的状况下进行控制排水,壤土在地表径流和地下排水中流失的溶质质量之和的百分比($C_r + C_d$)仍较沙土小。可以看出,沙土的保肥性能比壤土差,即沙土溶质的有效利用程度没有壤土好。

4.1.4 排水条件对溶质流失的影响

由前面的描述可以知道,壤土试验都是进行自由排水的,故为了对比分析土壤排水条件对土壤溶质流失的影响,本文选取沙土试验进行研究。沙土试验 7 是在自由排水的条件下进行的,因此试验土壤地表没有产生积水－径流,在其他沙土剖面厚度($h=19.5\text{cm}$)和初始含水率($\theta_0=0.046$)等条件相同的情况下,选取试验8进行对比。在试验8中,排水出口置于23.0cm处进行控制,结果表明自由排水的试验7中地下排水量的百分比W_d和地下排水溶质质量的百分比C_d都比试验8大。试验8中进行控制排水,虽然试验7的地下排水量的百分比W_d较试验8中地下排水和地表径流量之和的百分比(W_d+W_r)小,但是试验7中地下排水溶质质量百分比C_d仍较试验8中地下排水和地表径流溶质流失质量之和的百分比(C_d+C_r)大。在此可以初步得到结论,认为排水条件较好的土壤溶质流失的量更多,更不利于有效利用土壤溶质。

以上只是初步的对比分析,有待更进一步来分析和探讨排水条件对土壤溶质的地表径流和地下排水流失的影响,在所有的试验中,选取试验9和10以及12和13两组试验进行对比分析,这两组试验除了排水条件之外其他状况都是相同的,且这4次试验的沙土的初始溶质浓度是相同的(62960mg/L)且都是初始饱和的。

在试验12和13中,砂滤层厚度h_g都为1.5cm,沙土厚度h都为23.3cm,试验13不排水,而试验12将排水出口置于23.0cm处进行控制排水。在试验9和10中,砂滤层厚度h_g都为5cm,试验沙土剖面的厚度h都为19.7cm,试验10不排水(抑制排水),而试验9将排水出口置于22.0cm高度处进行控制排水。在试验9和12中,地下排水中溶质流失的质量速率随时间的变化过程显示于图4-3,而试验7和8的地下排水中溶质流失的质量速率随时间变化的过程如图4-4。

从表4-1中可以看到,无论是在沙土厚度h都为23.3cm的两次试验12和13中,还是在沙土厚度h都为19.7cm的两次试验9和10中,土壤不排水时地下排水溶质质量百分比C_r较土壤进行控制排水时地表径流和地下排水中溶质质量之和的百分比(C_d+C_r)小很多,再次证明上面的初步结论,有利于排水条件的土壤将会降低土壤溶质的有效利用程度。

由图4-4可见,排水条件较差时,土壤溶质在地下排水中流失的质量速率较低,主要是由地下排水速率较低引起的。试验9的($h_d=$

22cm)比试验 12 的排水出口($h_d = 23$cm)更低一些,致使其排水条件较好一些,加上在试验 9 中试验沙土的厚度 h 比试验 12 减小了 $23.3 - 19.7 = 3.6$cm,由 4.1.2 部分的分析可知,试验 9 的排水路径更短,更有利于进行排水,故在试验 9 中地下排水中的溶质质量速率较试验 12 大,而由表 4-1 可见,试验 9 中的地表溶质质量和径流量流失的百分比(C_r 和 W_r)较试验 12 大。

由上面的对比分析可以知道,当土壤排水条件越好时,将会引起地下排水量百分比 W_d 和溶质质量百分比 C_r 增大,将不利于提高土壤溶质的有效利用程度。

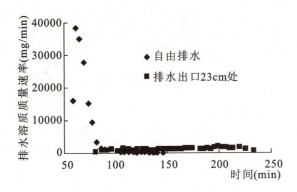

图 4-4 不同的排水条件下地下排水中溶质
流失的质量速率随时间的变化过程

4.2 小结

由以上的对比分析可以得到,在暴雨降雨条件下,地表有积水层时,既存在地下排水又存在地表径流时,土壤溶质流失总量的大部分存在于损失到地下排水中的溶质,而损失在地表积水-径流中的土壤溶质仅占土壤溶质流失总量的小部分。所以在实际田间操作中,当不能同时采取降低地下排水和地表径流的措施来降低土壤溶质的流失量时,应将考虑降低地下排水的方案放在首位。而在暴雨范围内,土壤初始体积含水率降低、降雨强度减小、沙质土的使用、地下排水条件越好等条件都将引起土壤溶质在地下排水和地表径流中损失的质量之和的百分比增大,进而会降低土壤溶质的有效利用程度,该成果可以为降低农业污染和提高土壤溶质的利用效率提供一定的参考意义。

第 5 章 模型参数的识别

前面几章对模型以及试验数据进行了详细的分析描述,但是仅有几组试验数据适用于二层解析模型,本章将通过不同试验中测到的地表径流中溶解性溶质的浓度值来识别和分析二层解析模型中的参数随时间的变化。

5.1 非完全混合参数的识别方法

由第 2 章得到的简单二层模型在不同降雨阶段的解析解,在此假定在地表径流发生前,与径流有关的非完全混合参数 α 和与入渗有关的非完全混合参数 γ 为常数随时间不变且其值等于地表径流发生时刻的值,而在整个模拟降雨期间土壤混合层的深度值随时间是不变的。正如第 2 章所述,若是在地表径流发生后,非完全混合参数 α 和 γ 为常数不随着时间变化,在地表产生径流时刻 t_r 到径流稳定时刻 t_s 期间,土壤入渗率的平均值记为 $i_{2p}(\text{cm}\cdot\text{min}^{-1})$,则地表径流中溶解性溶质的浓度值可以表达如下:

$$\alpha \cdot C_w(t) = \alpha \cdot C_w(t_r) \cdot \exp\left\{\left[\frac{-\gamma \cdot i_{2p} - \alpha \cdot (p - i_{2p})}{\alpha \cdot h_p(t_r) + h_{\text{mix}} \cdot \theta_s}\right] \cdot (t - t_r)\right\}$$

(5-1)

式中参数意义同第 2 章,其中 $C_w(t_r)$ 表示地表产生径流时土壤混合层的溶解性溶质浓度值。而从地表径流开始稳定(t_s/min)到模拟降雨结束时刻(t_e/min)的整个期间,土壤的稳定入渗率表示为 i_s ($\text{cm}\cdot\text{min}^{-1}$),此阶段中地表径流中的初始溶质浓度 $\alpha C_w(t_s)$ 可以通过式(5-1)得到,故此阶段中地表径流的溶解性溶质浓度值的表达式为:

第5章 模型参数的识别

$$\alpha \cdot C_w(t) = \alpha \cdot C_w(t_s) \cdot \exp\left\{\left[\frac{-\gamma \cdot i_s - \alpha \cdot (p - i_s)}{\alpha \cdot h_p(t_r) + h_{\mathrm{mix}} \cdot \theta_s}\right] \cdot (t - t_s)\right\}$$
(5-2)

从式(5-1)和式(5-2)可以看到在两个不同的阶段,地表径流中溶解性溶质浓度的表达式的形式完全一样,因此用 i_r 表示径流期间的土壤入渗率,则地表径流中溶解性溶质浓度可简化表示为:

$$C(t) = \alpha \cdot C_r \cdot \exp\left\{\left[\frac{-\gamma \cdot i_r - \alpha \cdot (p - i_r)}{\alpha \cdot h_p + h_{\mathrm{mix}} \cdot \theta_s}\right] \cdot (t - t_r)\right\}$$
(5-3)

其中 C_r(mg/L)表示开始产生地表径流时土壤混合层中溶解性溶质的浓度。

在产生地表径流后,非完全混合参数 α 和 γ 被假定为变量,是随时间变化的。当然如果它们依然为常数值,则在不同时刻它们的值都将会是相等的。依据产生径流后取样的不同时间,将产生地表径流后的时间分为不同的时间点 $t_1, t_2, \cdots, t_m$。与其对应的非完全混合参数与土壤入渗率分别为 γ_j, α_j 和 i_{rj}。所以,在第1个时间点 t_1 内:

$$C(t) = \alpha_1 \cdot C_r \cdot \exp\left\{\left[\frac{-\gamma_1 \cdot i_{r1} - \alpha_1 \cdot (p - i_{r1})}{\alpha_1 \cdot h_p + h_{\mathrm{mix}} \cdot \theta_s}\right] \cdot (t - t_r)\right\}$$
$$(t_r < t \leqslant t_r + t_1)$$
(5-4)

在第2个时间点 t_2 内地表径流中的溶解性溶质的浓度可以表达为:

$$C(t) = C(t_r + t_1)/\alpha_1 \cdot \alpha_2$$
$$\cdot \exp\left\{\left[\frac{-\gamma_2 \cdot i_{r2} - \alpha_2 \cdot (p - i_{r2})}{\alpha_2 \cdot h_p + h_{\mathrm{mix}} \cdot \theta_s}\right] \cdot (t - t_r - t_1)\right\}$$
$$(t_r + t_1 < t \leqslant t_r + t_1 + t_2)$$
(5-5)

在第 m 个时间点 t_m 内地表径流中的溶解性溶质的浓度表示如下:

$$C(t) = C(t_r + t_1 + t_2 + \cdots + t_{m-1})/\alpha_{m-1} \cdot \alpha_m$$
$$\cdot \exp\left\{\left[\frac{-\gamma_m \cdot i_{rm} - \alpha_m \cdot (p - i_{rm})}{\alpha_m \cdot h_p + h_{\mathrm{mix}} \cdot \theta_s}\right] \cdot (t - t_r - t_1 - t_2 - \cdots - t_{m-1})\right\}$$

$$t_r + t_1 + t_2 + \cdots + t_{m-1} < t \leq t_r + t_1 + t_2 + \cdots + t_{m-1} + t_m \quad (5-6)$$

时间 $t_r, t_r + t_1, t_r + t_1 + t_2, \cdots, t_r + t_1 + t_2 + \cdots + t_m$ 为试验中取样时间段。因此，如果可以知道收集试验样品的时间点，就可以通过同时变化两个参数或者保持其中一个参数为常数而变化另外一个参数，得到非完全混合参数 γ 和 α 来拟合试验数据和预测值。本文目的是探索非完全混合参数 α 和 γ 随时间的变化规律，所以土壤混合层深度 h_{mix} 值在整个试验过程中被假定为常数值。

5.2 试验条件简介

尽管在第4章详细介绍了试验状况，但是在本章需要的一些参数不同，故此再次介绍本章需要的试验物理参数(见表5-1)，且表中参数意义同前面的章节。

表 5-1　　　　　不同试验状况下的物理参数

土壤类型	试验编号	θ_0	C_0	h	h_p	h_d	h_{mix}	P	i	t_p	t_r	t_s	t_e
		$cm^3 \cdot cm^{-3}$	$mg \cdot l^{-1}$	cm	cm	cm	cm	$cm \cdot min^{-1}$	$cm \cdot min^{-1}$	min	min	min	min
壤土	1	0.1	62957.8	18	2	0	0.44	0.093	0.0282	23	55	99	184
	2	0.42	62957.8	19.5	0.5	0	0.1	0.098	0.0057	0.5	5	10	67
	3	0.476	62957.8	19.5	0.5	0	0.1	0.097	0.0284	0	6	11	123
沙土	4	0.046	25997.3	19.5	0.5	23	0.2	0.098	0.0195	6.2	79	98	224
	5	0.443	62960	19.5	0.5	22	0.2	0.097	0.0363	0	7.5	7.5	180
	6	0.443	62960	19.5	0.3	>25	0.02	0.097	0	0	3.5	3.5	125
	7	0.046	25997.3	19.5	0.5	23.2	1.5	0.097	0.0119/0.0067	75	80	88	198
	8	0.443	62960	19.5	0.2	23	0.1	0.098	0.0322	0	2.5	2.5	146
	9	0.443	62960	19.5	0.2	>25	0.02	0.097	0	0	2.5	2.5	203.5
	10	0.28	62960	19.5	0.3	>25	0.1	0.098	0	3.75	5	8	122

* 其中 i 为径流期间的土壤平均入渗率，在试验7中，$i=0.0119/0.0067$ 表示从地表径流产生到地表径流稳定期间的土壤平均入渗率为0.0119，从地表径流稳定到模拟降雨结束期间的土壤平均入渗率为0.0067；θ_0 为土壤的初始体积含水率。

5.3 参数识别结果

正如图5-1至图5-10中的观测数据所示,地表径流中溶解性溶质的浓度随着时间不断减小。基于试验结果,在地表径流期间,得到识别的参数结果及相应的模拟数据见图5-1至图5-10。

5.3.1 壤土试验结果分析

图5-1至图5-3展示了壤土试验的结果(试验1,2和3)。在这3个试验中,与土壤入渗率有关的非完全混合参数γ随着时间减小,其值开始为正,到最后其值可能比0还要小。这是因为γ是包括向上的弥散(由向上的浓度梯度引起的)和向下的对流(由向下的入渗引起的)得到的溶质的净入渗。当入渗过程起的作用比弥散过程重要时,γ值为正。但是在试验过程中,当试验土壤逐渐被饱和时,土壤入渗率会越来越小。

另一方面,在土壤溶质被入渗水带走的过程中,土壤混合层中的溶解性溶质浓度越来越低,同时土壤混合层下面的溶质浓度将增大。因此,向上的溶质浓度梯度越来越高,从而引起溶质向上的弥散过程。当溶质向上的弥散作用比向下的入渗作用强时,γ值则为负。图5-1(b)至图5-3(b)中计算出来的γ值表明向上的弥散作用越强,γ的绝对值越大。

进一步来说,如表5-1所列,试验1的土壤为初始非饱和的,图5-2(即试验2)中的最大积水深度h_p比试验3高。所以,即使在地表径流产生后,试验1和3的土壤平均入渗速率几乎相同(见表5-1),试验1中土壤混合层中的溶质随入渗水向下的流失比试验3高。

同样的原因可以用来解释为什么平均意义上图5-1(b)中的参数γ值比图5-3(b)稍微小一点,且图5-1(c)中的地表径流溶质浓度值比图5-3(c)也要小。

同样,试验2中的初始体积含水率和饱和体积含水率很接近,而且试验过程中土壤平均入渗率非常小(表5-1),几乎没有入渗水,因此试验2中从土壤混合层向下入渗的溶质比试验1和3都小,见图5-2(b)。同时试验2的土壤混合层中溶解性溶质比试验1和3都要多,因此相应的地表径流中溶解性溶质浓度也较高。对于试验1的初始非饱和土壤,γ值在地表径流期间一直在随着时间变化。而在初始饱和试验3中,γ仅有3个不同的常数值,试验2中γ的变化情况介于试验1和3之间,试验2的γ值在初期连续变化,到最后达到一个常数值。这些结果都是由饱和土壤中较小的入渗率和在地表径流期间恒定的入渗率引起的(表5-1)。因此可以得到:初始体积含水率越接近饱和体积含水率,在地表径流期间与入渗有关的参数γ值的变化就越小。

对于初始非饱和土壤试验1,土壤混合层中的溶解性溶质渗入到混合层下面去了,所以土壤混合层中的溶质浓度减小,继而降低了地表径流水和土壤混合层中的溶质浓度梯度。若是地表积水深度保持不变,从土壤混合层弥散到地表径流水中去的溶质将减小。这些结果可以解释为什么在径流期间,参数α随着时间减小,其具体变化过程见图5-1(a)。然而,在试验2和3中,α随着时间增大(图5-2(a)和5-3(a)),且在这2个试验中,α随着时间变化后逐渐达到一个常数值。同样的道理,在整个模拟降雨过程中,初始非饱和土壤中入渗率的变化较初始饱和土壤大。因此,在试验1的初始非饱和土壤中,入渗在溶质向地表径流的迁移过程中起到主要作用,而弥散在试验2和3中起到主要作用,导致在试验2和3中α随着时间增长。由于在试验2中土壤入渗率很小(表5-1),因此在地表径流初期,试验2中α的增长速率比试验3大。然而,在地表径流后期,土壤入渗速率变得稳定且接近饱和入渗率常数值(表5-1),因此在图5-2(a)和5-3(a)中,α值在径流后期变为常数。

更进一步,发现在壤土试验3中,所有的α的值都小于等于1,这表明在地表径流中的溶质浓度小于或者等于土壤混合中的溶质浓度。土壤混合层中的溶质浓度随着径流时间的增大而减小,直至在径流很久之后变为0,因此其与地表径流水完全混合,此结果可以解释为什么在径流后期,图5-2(a)和5-3(a)中的α值为常数1。

将试验1与试验2和3进行对比,发现试验1中地表径流的溶

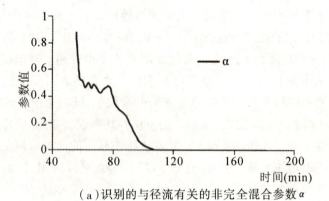

(a) 识别的与径流有关的非完全混合参数 α

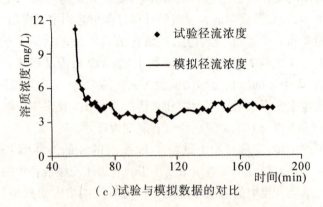

(b) 识别的与径流有关的非完全混合参数 γ

(c) 试验与模拟数据的对比

图 5-1 试验 1 的模拟数据和参数

5.3 参数识别结果

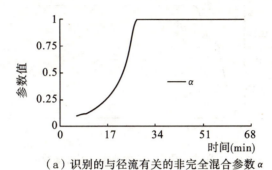

（a）识别的与径流有关的非完全混合参数 α

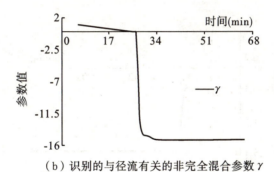

（b）识别的与径流有关的非完全混合参数 γ

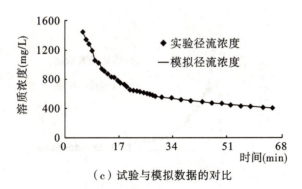

（c）试验与模拟数据的对比

图 5-2　试验 2 的模拟数据和参数

第 5 章 模型参数的识别

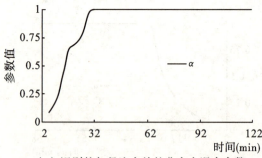

（a）识别的与径流有关的非完全混合参数 α

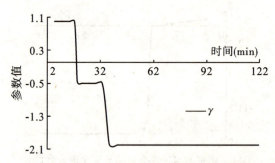

（b）识别的与径流有关的非完全混合参数 γ

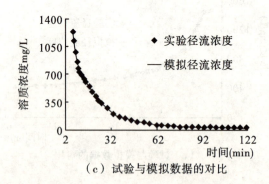

（c）试验与模拟数据的对比

图 5-3 试验 3 的模拟数据和参数

5.3 参数识别结果

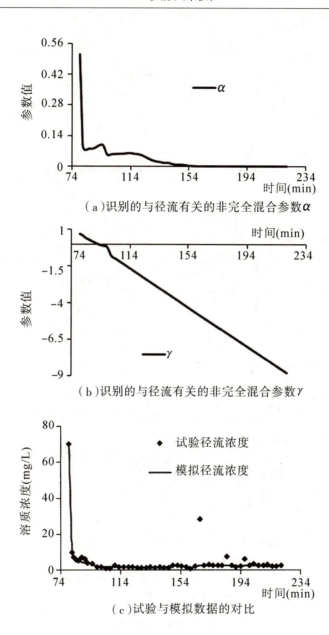

(a) 识别的与径流有关的非完全混合参数 α

(b) 识别的与径流有关的非完全混合参数 γ

(c) 试验与模拟数据的对比

图 5-4 试验 4 的模拟数据和参数

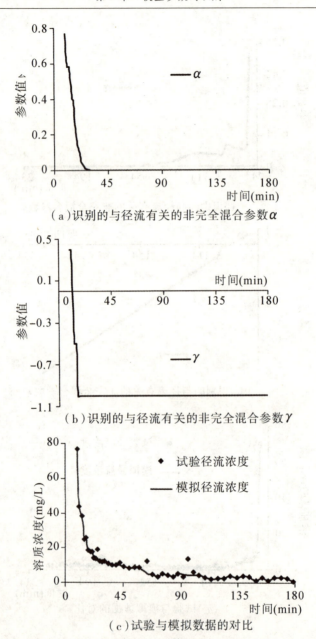

(a) 识别的与径流有关的非完全混合参数 α

(b) 识别的与径流有关的非完全混合参数 γ

(c) 试验与模拟数据的对比

图 5-5 试验 5 的模拟数据和参数

5.3 参数识别结果

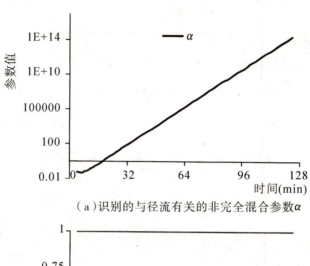

(a) 识别的与径流有关的非完全混合参数 α

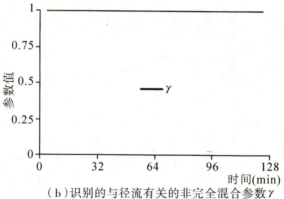

(b) 识别的与径流有关的非完全混合参数 γ

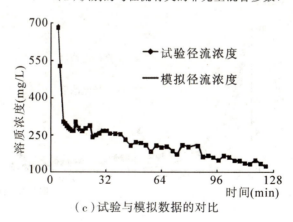

(c) 试验与模拟数据的对比

图 5-6 试验 6 的模拟数据和参数

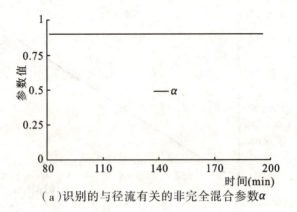
（a）识别的与径流有关的非完全混合参数 α

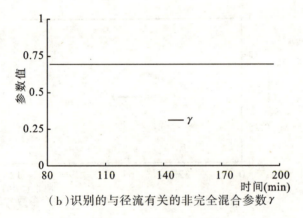
（b）识别的与径流有关的非完全混合参数 γ

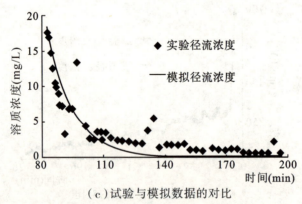
（c）试验与模拟数据的对比

图 5-7 试验 7 的模拟数据和参数

5.3 参数识别结果

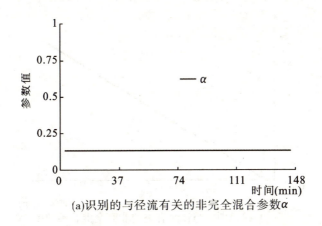

(a)识别的与径流有关的非完全混合参数α

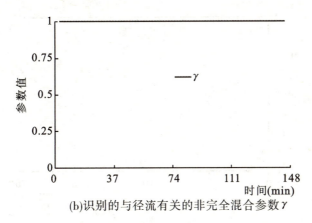

(b)识别的与径流有关的非完全混合参数γ

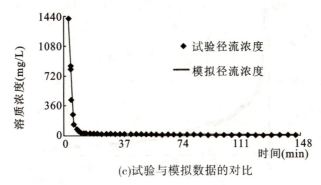

(c)试验与模拟数据的对比

图 5-8 试验 8 的模拟数据和参数

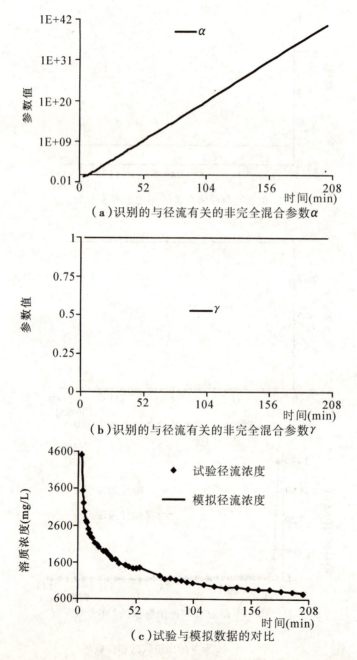

(a) 识别的与径流有关的非完全混合参数 α

(b) 识别的与径流有关的非完全混合参数 γ

(c) 试验与模拟数据的对比

图 5-9　试验 9 的模拟数据和参数

5.3 参数识别结果

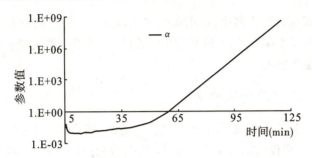

（a）识别的与径流有关的非完全混合参数 α

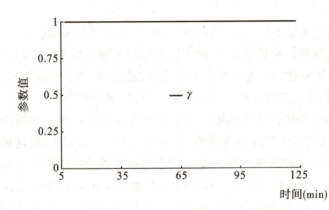

（b）识别的与径流有关的非完全混合参数 γ

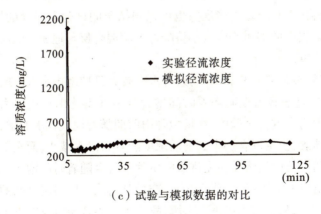

（c）试验与模拟数据的对比

图 5-10 试验 10 的模拟数据和参数

质浓度较试验 2 和 3 都小,这主要是由于试验 1 中的初始含水量较小或者地表积水深度较大,或者降雨强度较小,或者在地表径流期间的稳定入渗率较大。

5.3.2 沙土试验结果分析

图 5-4 至图 5-10 展示了沙土试验的结果,试验的物理参数见表 5-1。结果表明仅仅试验 4,5,7 和 8(后面称为控制入渗水)可以从排水出口测得入渗水,而在试验 6,9 和 10 中没有排水(后面称为抑制排水)。

同上面壤土试验得到的结论一样,在初始非饱和试验 4 中,与入渗有关的参数 γ 是变化的,而在初始饱和土壤试验 5,6,8 和 9 中,γ 几乎是不变化的。为了使得本章的模拟结合和第 3 章的一致,在试验 7 和 8 中,参数 α 和 γ 为常数值。所以,可以看到图 5-7(c)和图 5-8(c)中的模拟结果和第 3 章的试验验证部分相同。在初始非饱和土壤试验 10 中,γ 也为常数,这和试验 4 的结果很不同,这种现象可以解释为试验 10 中的初始体积含水率比试验 4 更接近饱和体积含水率一些。在试验 6,9 和 10 中,因为土壤入渗率为 0,参数 γ 可以为任意常数,所以在图 5-6(b),图 5-9(b)和图 5-10(b)中展示的常数 γ 值为产生地表径流前的值。

在试验 4 和 5 中,在控制入渗水的状态下,参数 α 值随着时间减小且变得比 1.0 小。这些现象也可以归结于同试验 1 同样的原因,土壤混合层中的溶质浓度减小将降低土壤混合层与地表径流层的溶质浓度梯度。

但是,在试验 6,9 和 10 初始含水率较大且抑制排水入渗的状况下,α 值在地表径流期间随着时间增大其值变得比 1.0 还要大。则主要是因为在这些试验中,在模拟降雨前期随着地表积水的增长,雨水渗入地表,土壤混合层中的溶质浓度随着入渗水减小,而土壤混合层下面的土壤中的溶质在无排水的条件下将会随着时间增多。既然在排水出口处无入渗水,那么在一定时间后,除了层与层之间的水交换外,将无水从地表入渗进入土壤,故此土壤混合层以及以下土壤之间的溶质浓度梯度是溶质运移的主要动力,且土壤混合层以下的溶质将弥散进入土壤混合层。然而，在第2章中假定土壤混合层中的溶解性溶质是入渗水和径流水中溶质的唯一来源，且假定没有溶解性溶质迁移进入土壤混合层，所以 α 随着时间增长且在这种假定下达到大于1。可以得到初步结论，如果认为 α 值小于或者等1.0，第2章中的解析模型仅适用于无抑制排水入渗的状况下。

对于试验6和10，在地表径流较短的初期，α 值微微增大，这可能是由于试验中最大地表积水深度（$h_p = 0.3$cm）较试验9（$h_p = 0.2$cm）深（见表5-1），在产生地表径流后一些雨水入渗进入土壤。这和模型建立时的假定是一致的，所以 α 值减小。一段时间后，同上面解释的原因相同，有些溶质进入土壤混合层，所以 α 值随着时间增大。

对比试验4，5，7在控制排水入渗的条件下和试验6，9，10在抑制排水入渗的条件下的试验数据和模拟结果，可以看到，试验4，5，7中的地表径流溶质浓度比试验6，9，10小。所以入渗或排水条件也是一个影响土壤中溶质迁移到地表径流的重要因素。

在控制排水入渗条件下，试验8中地表径流的溶解性溶质浓度比试验4，5，7都要高，且试验8和试验6，9，10（抑制排水入渗）的地表径流溶质浓度在同一个量级。这种现象可能是因为试验8的最大积水深度（$h_p = 0.2$cm）比试验4，5，7浅（见表5-1）。从这些结果可以看出，地表积水深度也是影响土壤中溶解性溶质的地表径流迁移的一个重要因素。

5.3.3 壤土和沙土试验结果分析的比较

在地表径流期间，初始非饱和壤土试验1和初始非饱和沙土试验4中的 γ 和 α 值都随时间变化。而初始饱和壤土试验3和初始饱和沙土试验5中，γ 值在3个阶段有3个不同的常数值。另一方面，在壤土试验3中 α 值随着时间增长，而沙土试验5中 α 值随着时间减小，且两种试验土壤中的 α 值都在0到1之间。壤土的饱和水力传导度比沙土小，所以，即使沙土在控制排水入渗条件下，壤土的土壤入渗率仍然比沙土小。如上所讨论，在地表径流期间，土壤入渗率越大，在土壤混合层无溶质来源的假定下，第2章所提出的模型将越准确，所以，如大家所料，α值将随时间减小。进一步，试验5中，较大的土壤入渗率将导致溶解性溶质流失到下面去，故此，试验5中土壤混合层的溶质向地表径流的向上迁移将小于试验3，这由图5-3(c)和图5-5(c)也可以得到进一步证明。

5.4 小结

本章是在第2章的解析模型和第3章的试验数据的基础上，提出了一种识别非完全混合参数γ和α的方法，其中在每次试验中参数h_{mix}在整个模拟过程中为常数，而在地表径流产生前，参数γ和α假定为常数且其值等于产生地表径流时的值。通过对识别结果的分析，发现在地表径流期间，当试验土壤的初始体积含水率达到饱和体积含水率后，参数γ将随着时间减小。增大地表的最大积水深度和降低试验土壤的初始体积含水率都将会增大土壤溶质的向下入渗流失量，且将增大土壤混合层底部向上的弥散作用（由溶质浓度梯度引起的），相应的γ值也将降低。同样，对于初始非饱和试验土壤，参数α将随着时间降低。但是，对于初始饱和试验土壤，由于入渗水将随着时间降低土壤混合层和地表径流之间的溶质浓度梯度，因此α将随着时间增大。随着土壤入渗率的增大，地表径流中的溶质浓度将降低。需要指出的是，如第3章所描述的，如果α需要满足小于等于1的要求，则在抑制排水入渗的条件下，第2章所提出的模型是无效的。

第6章 数据同化方法的应用

上一章从试验数据角度对模型参数进行了识别和分析,本章将以第5章中不同时刻的模型解作为地表径流溶质的预测模型,通过数据同化反演方法(集合卡尔曼滤波方法)来更新模型参数和改进模型预测值,在本章中也会介绍扩展卡尔曼滤波方法,并将其结果与集合卡尔曼滤波的方法作比较。

6.1 数据同化的基本概念

数据同化方法是根据观测数据和控制方程来更新模型参数和变量的,因此一个数据同化系统由3个部分组成:模型算子,观测算子和数据同化运算。第5章中的二层模型解为地表径流溶质的迁移模型,观测算子用来建立模型变量(地表径流溶质浓度和观测变量)与地表径流溶质浓度之间的关系。本文的数据同化运算是通过集合卡尔曼滤波实现的,其通过地表径流溶质的观测值来更新模型参数和预测值,在地表径流溶质预测部分,状态变量包括模型参数(α,γ 和 h_{mix})和相应的变量(地表径流溶质浓度)。

在本文计模型变量为 m,其不确定性或者误差的方差为 σ_m^2,相应的观测量变为 o,其不确定性为 σ_o^2。m 表示背景或者前期信息,为上一时间的结果得到的当前的预测值,它对即将得到的观测量 o 有效。反演方法的目的是在已有信息的条件下,找到真实状态 x 的估计值 $\hat{x}$ 得到最小平方差。目标函数 J 为定量表示真实状态 x 分别与模型预测值和观测值的差值,其简单的表达式为:

$$J = \frac{(x-m)^2}{\sigma_m^2} + \frac{(x-o)^2}{\sigma_o^2} \quad (6-1)$$

将目标函数对 x 求导 $dJ/dx=0$，可以到目标函数 J 的最小值：

$$0 = \frac{2\times(x-m)}{\sigma_m^2} + \frac{2\times(x-o)}{\sigma_o^2} \rightarrow \hat{x} = (\sigma_m^2 o + \sigma_o^2 m)/(\sigma_m^2 + \sigma_o^2) \tag{6-2}$$

这可以写为：

$$\hat{x} = (I-K)m + Ko, \text{其中} K = \sigma_m^2/(\sigma_m^2 + \sigma_o^2), 1-K = \sigma_o^2/(\sigma_m^2 + \sigma_o^2) \tag{6-3}$$

最佳估计或者分析是模型背景 m 和观测值 o 的加权和，权重由模型和观测值的相对不确定性或者误差方差得到，并表达为卡尔曼增益 $K(0 \leq K \leq 1)$。如果观测误差方差 σ_o^2 相对于模型误差方差或不确定性 σ_m^2 较小，卡尔曼增益将较大，得到的估计结果将与观测值很接近，否则将相反。当模型误差和观测误差的方差相等（$\sigma_m^2 = \sigma_o^2$）时，则产生等同的权重（$K=0.5$），表明以相同的程度信任模型和观测。

将式(6-3)重新写为：

$$\hat{x} - m = K(o-m) \tag{6-4}$$

式(6-4)表明同化增量(模型估计 m 和同化估计之间差别)与观测值 o 和模型估计 m 之间的差别成正比，且卡尔曼增益为正比例值。因为前期模型估计 m 通过观测信息 o 得到更新，所以式(6-4)称为更新公式。如果模型预测和观测的误差不相关，同化估计的误差方差为：

$$\sigma_{\hat{x}}^2 = (1-K)\sigma_m^2 = K\sigma_o^2 \tag{6-5}$$

从公式可以看出，因为 $0 \leq K \leq 1$，所以同化估计的误差方差比观测误差和模型误差的方差都小。

卡尔曼滤波、扩展卡尔曼滤波和集合卡尔曼滤波都是数据同化方法，因为集合卡尔曼滤波是卡尔曼滤波的蒙特卡罗实现，因此为了方便介绍扩展卡尔曼滤波和集合卡尔曼滤波的理论部分，首先从介绍卡尔曼滤波开始。

6.2 卡尔曼滤波

卡尔曼滤波是一种有着相当广泛应用的滤波方法,但它既需要假定系统是线性的,又需要认为系统中的各个噪声与状态变量均呈高斯分布,而这两条并不总是确切的假设限制了卡尔曼滤波器在现实生活中的应用。对于线性预测模型系统和一系列与时间有关的观测值以及相应的观测误差,为了达到系统状态估计的最小平方差,卡尔曼滤波将新的观测值包含进来以不断地更新估计。一旦有观测数据的时候,就用卡尔曼滤波方法进行数据同化而不是一次同时考虑所有的试验数据,所以卡尔曼滤波可以处理动态系统。卡尔曼滤波计算方法主要包括以下几个部分:

$$S^f(t) = \phi S^a(t-1) + e_1(t) \tag{6-6}$$

$$P^f(t) = \phi P^a(t-1)\phi^T + Q(t) \tag{6-7}$$

$$d(t) = HS^{true}(t) + e_2(t) \tag{6-8}$$

$$K(t) = P^f(t)H^T[HP^f(t)H^T + R(t)]^{-1} \tag{6-9}$$

$$S^a(t) = S^f(t) + K(t)[d(t) - HS^f(t)] \tag{6-10}$$

$$P^a(t) = [I - K(t)H]P^f(t) \tag{6-11}$$

式中 S 为状态变量,包括模型参数 α、γ 和 h_{mix} 及相应的状态向量地表径流溶质浓度;d 表示观测向量;H 表示观测算子,用来表明状态向量和观测向量的关系;P 表示状态的误差协方差矩阵;K 为卡尔曼增益;R 是观测值的误差协方差矩阵;Q 表示模型扰动的协方差矩阵;ϕ 表示线性转换矩阵(敏感矩阵,为从上一时间到下一时间状态的线性算子);e_1,e_2 是预测模型和观测值的相互独立的白色噪音,均值为 0,方差分别为 Q 和 R;I 为单位矩阵;t 为时间步长;上标 T 表示转置矩阵,上标 f 和 a 分别表示预测和同化值;上标 true 表示真实值。

6.3 扩展卡尔曼滤波

卡尔曼滤波方法是限制在线性的假设之下,然而,大部分的系统都是非线性系统,扩展卡尔曼滤波适用于非线性不是很强的系统,每次循环中,其主要步骤同卡尔曼滤波,首先得考虑最后的滤波状态估计 S_t,接着线性化动态系统 $S_{t+1} = f(S_t)$,应用卡尔曼滤波步骤到刚刚得到的线性化动态系统中去,产生 $S(t+1/t)$ 和 $P(t+1/t)$,其次在 $S(t+1/t)$ 附近线性化观测动态变量 $d_{t+1} = HS_t + e_{2t}$,然后应用卡尔曼的滤波或者更新循环到线性化动态观测中去产生 $S(t+1/t+1)$ 和 $P(t+1/t+1)$。

用 $F(t)$ 和 $H(t)$ 来表示 $f(\cdot)$ 和 HS_t 的偏导矩阵,其中状态变量的偏导表达为 $F(t) = \nabla f_t |_{S(t/t)}$。由第 2 章的地表径流中溶解性溶质浓度的解析解可以知道,状态变量为地表径流中溶解性溶质的浓度,模型参数为与地表径流有关和与入渗率有关的非完全混合参数以及土壤混合层深度,故此在地表径流产生后,可得到偏导矩阵 $F(t) = \nabla f_t |_{S(t/t)}$ 中的各项分别表示为:

$$\frac{\partial c}{\partial \alpha} = \frac{(\gamma i_2 \Delta t / h_p - i_{12} \Delta t h_{mix} \theta_s / h_p^2)}{(\alpha + h_{mix} \theta_s / h_p)^2} \cdot \frac{\alpha c_0}{\alpha_0} e^{\frac{-(\gamma i_2 + \alpha i_{12})\Delta t}{(\alpha h_p + h_{mix}\theta_s)}} + \frac{c_0}{\alpha_0} e^{\frac{-(\gamma i_2 + \alpha i_{12})\Delta t}{(\alpha h_p + h_{mix}\theta_s)}}$$

(6-12)

$$\frac{\partial c}{\partial \gamma} = \frac{\alpha c_0}{\alpha_0} e^{\frac{-(\gamma i_2 + \alpha i_{12})\Delta t}{(\alpha h_p + h_{mix}\theta_s)}} \cdot \frac{-i_2 \Delta t}{(\alpha h_p + h_{mix}\theta_s)} \qquad (6-13)$$

$$\frac{\partial c}{\partial h_{mix}} = \frac{\alpha c_0}{\alpha_0} e^{\frac{-(\gamma i_2 + \alpha i_{12})\Delta t}{(\alpha h_p + h_{mix}\theta_s)}} \cdot \frac{(\gamma i_2 + \alpha i_{12})\Delta t \theta_s}{(\alpha h_p + h_{mix}\theta_s)^2} \qquad (6-14)$$

$$\frac{\partial c}{\partial c} = 1 \qquad (6-15)$$

而由于观测数据和预测变量相同,都为地表径流中的溶解性溶质浓度,因此 $H(t)$ 的表达式同卡尔曼滤波中的观测算子 H。

预测循环包括:

$$S(t+1/t) = f_t(S(t/t)) \qquad (6-16)$$

$$P(t+1/t) = F(t)P(t/t)F^T(t) + Q(t) \qquad (6-17)$$

滤波循环包括:

$$S(t+1/t+1) = S(t+1/t) + K(t+1)[d(t) - H(t+1/t)]$$

(6-18)

$$K(t+1) = P(t+1/t)H^T[HP(t+1/t)H^T + R(t+1)]^{-1}$$
(6-19)

$$P(t+1/t+1) = [I - K(t+1)H]P(t+1/t) \quad (6-20)$$

需要指出的是扩展卡尔曼滤波不是最优滤波,而是基于一系列假定的状态下进行的。因此,协方差矩阵 $P(t/t)$ 和 $P(t+1/t)$ 不表示状态估计的真实协方差。由于偏导矩阵 $F(t)$ 与上一步的状态估计有关,因此卡尔曼增益因子 $K(t)$ 及协方差矩阵 $P(t/t)$ 和 $P(t+1/t)$ 不能像卡尔曼滤波中那样进行不在线计算。

6.4 集合卡尔曼滤波

集合卡尔曼滤波是一种蒙特卡罗方法,其本质和卡尔曼滤波很相似。在这里,预测模型的变量 S 包括各个集合的模型参数(α,γ 和 h_{mix})及相应的预测值(地表径流溶质浓度)。假定模型预测为正态分布,集合平均值为真实状态的最优估计,集合预测误差的方差为在均值边的扰动[198-199]。矩阵 I_N 为:

$$I_N \in \mathscr{R}^{N \times N} = \begin{bmatrix} 1/N & 1/N & .. & 1/N \\ 1/N & . & . & 1/N \\ . & . & . & . \\ 1/N & 1/N & .. & 1/N \end{bmatrix} \quad (6-21)$$

式中 N 为集合数目。所以:

$$S' = S - \bar{S} = S - SI_N = S(I - I_N) \quad (6-22)$$

式中 $\bar{S}$ 为集合均值。S 的预测和分析值的误差协方差 P 定义为:

$$P^f \cong P_e^f = \overline{(S^f - \bar{S}^f)(S^f - \bar{S}^f)^T} = \frac{S^{f'}(S^{f'})^T}{N-1} \quad (6-23)$$

$$P^a \cong P_e^a = \overline{(S^a - \bar{S}^a)(S^a - \bar{S}^a)^T} = \frac{S^{a'}(S^{a'})^T}{N-1} \quad (6-24)$$

在预测阶段,每个集合成员的模型预测变量可以通过下式来更新:

$$S_{i,t+1}^f = M(S_{i,t}^a) + e_{1i} \quad e_{1i} \sim N(0, Q_s) \quad (6-25)$$

式中 $S_{i,t+1}^f$ 为在时间 $t+1$ 时第 i 个集合成员的预测模型变量;$S_{i,t}^a$

为在时间 $t+1$ 时第 i 个集合成员的分析变量;$M(.)$ 为模型算子,即地表径流溶质浓度预测模型;e_{1i} 为模型误差变量向量,假定其满足均值为 0 方差为 Q_s 的高斯分布。

在分析阶段,通过加入随机观测误差来扰动观测值。在时间 $t+1$ 时刻各个集合成员的观测向量为:

$$d_{i,t+1} = HS_{i,t+1}^{\text{true}} + e_{2i} \tag{6-26}$$

式中,e_{2i} 为均值为 0 方差矩阵为 R_e 的随机观测误差。观测误差矩阵 E 为:

$$E = (\varepsilon_1, \varepsilon_2, \cdots, \varepsilon_N) \in \mathscr{R}^{m \times N} \tag{6-27}$$

式中 m 为观测数目。同样,观测误差的协方差矩阵是:

$$R_e = \frac{E'(E')^T}{N-1} = \frac{EE^T}{N-1} \tag{6-28}$$

各个集合成员的预测值可以更新表达式为:

$$S_{i,t+1}^a = S_{i,t+1}^f + P_e^f H^T (HP_e^f H^T + R_e)^{-1}(d_{i,t+1} - HS_{i,t+1}^f) \tag{6-29}$$

式中 H 为观测算子,用来将模型变量转换为观测值。结合前面的公式可以得到:

$$\begin{aligned} S_{i,t+1}^a &= \bar{S}_{i,t+1}^f + \frac{S^{f\prime}(S^{f\prime})^T}{N-1} H^T \left(H \frac{S^{f\prime}(S^{f\prime})^T}{N-1} H^T + \frac{EE^T}{N-1} \right)^{-1}(d_{i,t+1} - HS_{i,t+1}^f) \\ &= \bar{S}_{i,t+1}^f + S^{f\prime}(Sf')^T H^T (HS^{f\prime}(S^{f\prime})^T H^T + EE^T)^{-1}(d_{i,t+1} - HS_{i,t+1}^f) \end{aligned} \tag{6-30}$$

正如大家所知:

$$(HS^{f\prime})^T = (S^{f\prime})^T H^T \tag{6-31}$$

所以定义:

$$A = HS^{f\prime} \tag{6-32}$$

则式(6-30)可以写为:

$$S_{i,t+1}^a = \bar{S}_{i,t+1}^f + S^{f\prime} A^T (AA^T + EE^T)^{-1}(d_{i,t+1} - HS_{i,t+1}^f) \tag{6-33}$$

时间 $t+1$ 时刻的分析状态由集合均值给出。这些得到的分析值为下一时刻的预测模型的初始值,直到得到下一时刻的观测值位置,再次进行数据同化过程。同其他的反演方法进行比较,集合卡尔曼滤波方法可以动态地调整系统估计,当遇到观测值的时候不需要重新计算预测值。而集合卡尔曼滤波方法通过数学方法得到最优估计值,没有考虑到估计变量的物理意义,所以每次在进行数据同化之后,将结合模型参数及状态变量的物理意义,检查被更新的最优估计值,使之在估计值的物理意义范围内,比如地表径流溶质浓度值不为负,如果得到的最优地表径流溶质值小于0,则让其值为0。而正如第3章所述,模型中的非完全混合参数和土壤混合层深度需满足 $\alpha>0, \gamma\leqslant 1$ 或者 $h_{mix}>0$,如果它们的更新值违反了物理意义 $\alpha\leqslant 0$, $\gamma>1$ 或者 $h_{mix}\leqslant 0$,将加限制条件 $\alpha=0.0001, \gamma=1$ 和 $h_{mix}=$ 常数。

6.5 集合卡尔曼滤波在地表径流溶质预测中的理论应用

此节用一个假想的一维的研究例子来验证6.4部分提出的数据同化。以第5章的解析解为预测模型,假定知道模型的真实参数,由预测模型可以得到真实的地表径流溶质浓度值。假定土壤试验为初始非饱和,其试验物理参数值和模型参数值见表6-1。通过加入白色噪音扰动真实的预测值而得到观测值,噪音的均值为0,标准方差为真实值的1%。在整个模拟过程中,用 Dif,mg/L 来定量分析衡量真实溶质浓度和模拟值的差值

$$\text{Dif}=\sqrt{\frac{1}{M}\sum_{i=1}^{M}(\overline{c_i^f}-c_i^t)^2}=\sqrt{\frac{1}{M}\sum_{i=1}^{M}RMSE^2} \tag{6-34}$$

式中,M 为地表径流中溶解性溶质的观测值的数目;$\overline{c_i^f}$ 和 c_i^t 分别表示在第 i 个观测时间地表径流中溶质的模拟值和真实值(或观测值)。因为假想的研究例子是一维的,所以 Dif 为整个模拟过程中的 RMSE(均方根误差)的平均值。

对于一维的研究例子,另外一个表示模拟好坏程度的指标为 spread(集合方差),其表示集合基础上的估计不确定性:

$$\text{spread}=\sqrt{VAR_{En}}=\sqrt{\frac{1}{N_{ens}}\sum_{j=1}^{N_{ens}}(c_j-\overline{c})^2} \tag{6-35}$$

式中,VAR_{En} 表示在某一时刻的集合方差;N_{ens} 为集合数目;C_j 是某个时刻第 j 个集合的分析值且 $\overline{c}$ 是相应的地表径流溶质的集合均值。

表6-1　假想非饱和土壤的研究例子的模型参数

初始饱和溶质浓度 C_0 /(mg·L^{-1})	初始体积含水率 θ_0	饱和体积含水率 θ_s	土壤容重 ρ/(g·cm^{-3})	降雨强度 P/(cm·min^{-1})	t_p 到 t_s 期间土壤入渗率 i_1/(cm·min^{-1})	t_s 后的土壤入渗率/(cm·min^{-1})
25997	0.046	0.443	1.47	0.097	0.012	0.012

土壤混合层深度 h_{mix}*/(cm)	非完全混合参数 γ^*	非完全混合参数 α^*	最大积水深度 h_p/(cm)	积水产生时间 t_p/(min)	径流产生时间 t_r/(min)	径流稳定产生时间 t_s/(min)
1.5	0.4	0.6	0.5	75	80	88

如表6-1所示研究例子的初始非饱和土壤的参数 h_{mix},α 和 γ 分别为1.5,0.6 和 0.4,选择集合数目大小为100。在给定初始猜想的集合参数时,用和不用集合卡尔曼滤波计算地表径流中溶解性溶质浓度,并将同化数据得到的结果和观测值作比较。

在第1个例子中,初始猜想参数的集合均值和真实参数相等,相应的集合方差为集合均值的1%,称观测误差比例为集合方差与集合均值的比值,所以此时观测误差比例为1%。图6-1(a)列出了用和不用集合卡尔曼滤波方法的预测结果以及真实数据,从图中可以看出,两种方法的模拟值和真实值都很接近。但是通过定量数据 Dif 得到,不用数据同化方法的 Dif 值为 4.59mg/L,而用数据同化方法——集合卡尔曼滤波的 Dif 值仅为 1.54mg/L,这表明数据同化方法显著地改进了预测值,尽管从图上看上去改进不是很大。

在实际中,不知道真实的参数值,所以在第2个研究例子中,任意选定初始猜测的参数的集合均值 h_{mix},α 和 γ 分别为 1.0,0.8 和 0.6,并做出相应的用与不用数据同化方法的模拟值以及真实观测值于图6-1(b)。从图中可以看到,不用数据同化方法时的地表径流溶质浓度模拟值在径流初期比真实值高,而在径流后期模拟值比真实值低。而通过数据同化得到的地表径流溶质浓度的模拟值在经过几

6.5 集合卡尔曼滤波在地表径流溶质预测中的理论应用

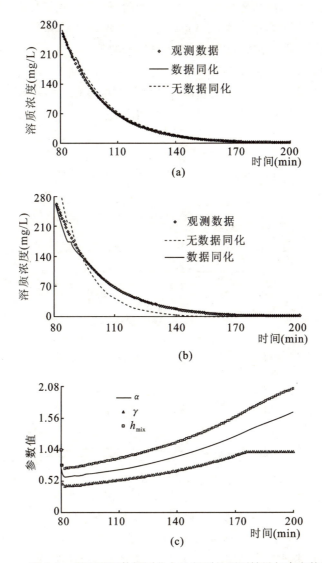

图 6-1 用和不用数据同化方法得到的预测结果与真实数据的对比
其初始猜测的集合均值分别为：(a) $h_{mix}=1.5\text{cm}, \alpha=0.6, \gamma=0.4$；
(b) $h_{mix}=1.0\text{cm}; \alpha=0.8; \gamma=0.6$；
(c) 由集合卡尔曼滤波得到的理论初始非饱和土壤；
(b) 的参数随时间变化。

个同化步长之后几乎和真实值重合了,用与不用数据同化方法的 Dif 值分别为 19.65mg/L 和 4.79mg/L。所以图 6-1(a)和图 6-1(b)都表明,数据同化方法可以有效地改进模型的预测。

图 6-1(c)显示了在初始猜测参数 h_{mix},α 和 γ 的集合均值为 1.0,0.8 和 0.6 时,相应的更新参数随时间的变化,发现所有的参数都是在开始随时间增长,接着随着时间增大。

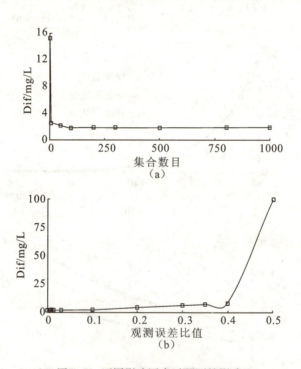

图 6-2 不同影响因素对预测的影响

在上述研究中,集合数目为 100,且观测误差比例为 1%。在此,运用敏感分析的方法来探究这 2 个因素(集合数目和观测误差比例大小)对地表径流溶质预测准确度的影响。通过在数据同化方法中用不同的集合数目来计算溶质浓度和 Dif 值,其结果见图 6-2(a)。由图可见,Dif 值开始随着集合数目的增大而降低,这说明随着集合数目的增大数据同化的预测结果变得越来越好。但是,当数据同化中的集合数目增大到 100 时,集合数目的进一步增大使 Dif 值近乎常数,其对 Dif 几乎没有影响。因此,在本文的数据同化研究中,采用集合数目为 100。

为了探究观测误差比值对地表径流溶质浓度预测的影响,在应用数据同化方法时,采用从 0.001 到 0.5 变化的不同的观测误差比值来计算地表径流溶质浓度,并列出相应的 Dif 值,见图 6-2(b)。从图中可以看到,在观测误差比值达到 0.4 之前,Dif 值随着观测误差比值的增大而逐渐增大。然而,在观测误差比值达到 0.4 之后,Dif 值随着观测误差比值的增大而显著增大,这表明在如此大的观测误差比值下,模拟预测误差已经不在控制范围内。既然地表径流溶质浓度的观测和分析一般比较准确,在下面的研究中选定观测误差比值为 1%。

6.6 集合卡尔曼滤波在地表径流溶质预测中的应用

用上述的数据同化方法分析第 5 章中所述试验数据,当有观测值的时候,可以同化观测数据,用来改进地表径流中溶解性溶质的浓度模拟值并更新相应的模型参数 h_{mix},α 和 γ。同第 5 章,模型参数在产生地表径流之前为常数,在试验中的物理参数和模型参数见表 6-2,表中的模型参数 h_{mix},α 和 γ 为产生地表径流之前的常数值。试验 1 和试验 2 为沙土,试验 3 和试验 4 为壤土。

表 6-2 试验和模型中的参数

试验编号	初始饱和溶质浓度 C_0/ $(mg \cdot L^{-1})$	初始体积含水率 θ_0	饱和体积含水率 θ_s	土壤容重 ρ/ $(g \cdot cm^{-3})$	降雨强度 P/ $(cm \cdot min^{-1})$	t_p 到 t_s 期间土壤入渗率 i_1/ $(cm \cdot min^{-1})$	t_s 后土壤入渗率/ $(cm \cdot min^{-1})$
1	25997	0.046	0.443	1.47	0.097	0.012	0.012
2	62960	0.443	0.443	1.47	0.098	0.032	0.032

续表

试验编号	初始饱和溶质浓度 C_0/($mg \cdot L^{-1}$)	初始体积含水率 θ_0	饱和体积含水率 θ_s	土壤容重 ρ/($g \cdot cm^{-3}$)	降雨强度 P/($cm \cdot min^{-1}$)	t_p 到 t_s 期间土壤入渗率 i_1/($cm \cdot min^{-1}$)	t_s 后土壤入渗率/($cm \cdot min^{-1}$)
3	62960	0.1	0.476	1.4	0.093	0.0282	0.0282
4	62960	0.476	0.476	1.4	0.097	0.0284	0.0284

试验编号	土壤混合层深度 h_{mix}*/(cm)	非完全混合参数 γ*	非完全混合参数 α*	最大地表积水深度 h_p/(cm)	积水产生时间 t_p/(min)	径流产生时间 t_r/(min)	径流稳定产生时间 t_s/(min)
1	1.5	0.4	0.6	0.5	75	80	88
2	0.1	0.8	0.134	0.2	0	3.05	3.05
3	0.44	0.71	0.88	2	23	55	99
4	0.1	1	0.084	0.5	0	6	11

* 表示计算的参数

6.6.1 沙土试验

6.6.1.1 初始非饱和试验土壤

试验 1 为初始非饱和的沙土试验,在第 3 章中发现最优参数 h_{mix},α 和 γ 为常数且其值分别为 1.5,1.0 和 0.7,本节中,在地表径流产生前,依然使用这些值,在地表径流产生后,参数值随时间变化且未知,所以任意选定 h_{mix},α 和 γ 的初始猜测的集合均值分别为 1.0,0.8 和 0.5。应用集合卡尔曼滤波,参数值的限制范围为:(1)当参数 $h_{mix} \leqslant 0.01$ 时,$h_{mix} = 0.01$;(2)另外 2 个参数满足 $\alpha > 0$ 和 $\gamma \leqslant 1$。第 5 章的解析解可以得到地表径流中的溶质浓度,由同化观测数据更新的地表径流溶质浓度见图 6-3(a)以及相应的更新参数见图 6-3(b),相应的 RMSE 和集合方差值见图 6-3(c)和图 6-3(d)。

从图 6-3(a)可见,通过集合卡尔曼滤波更新的地表径流溶质浓

6.6 集合卡尔曼滤波在地表径流溶质预测中的应用

度值,比在参数为常数时的解析解得到的浓度值更接近观测值,由图中径流早期的溶质浓度更可见其效果,而径流早期的高溶质浓度值在整个土壤中 KCl 溶质的地表径流损失中占主要作用,这表明由卡尔曼滤波产生的结果比不经过更新的解析解好。这是因为由卡尔曼滤波得到的结果将观测值同化到模型中去,通过每个同化时间步长来更新参数和模拟值,更新的参数不再为常数且随着同化时间而变化,而不经过同化方法由解析解得到的溶质浓度所用的参数为常数。由解析解和集合卡尔曼滤波得到的地表径流溶质浓度的 Dif 值分别为 6.31mg/L 和 1.88mg/L,这表明数据同化方法显著地改进了预测值。本书也计算了由扩展卡尔曼滤波方法反演得到的地表径流溶质浓度值,其值和观测数据相差很大,相应的 Dif 值为 149.62mg/L,此值比集合卡尔曼滤波得到的Dif值大很多,这也表明扩展卡尔曼滤

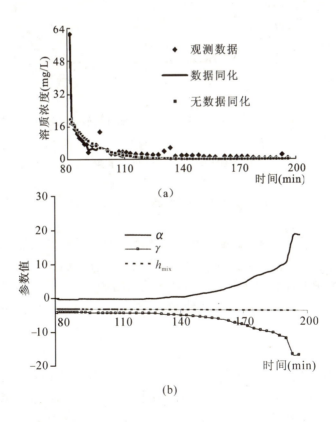

第6章 数据同化方法的应用

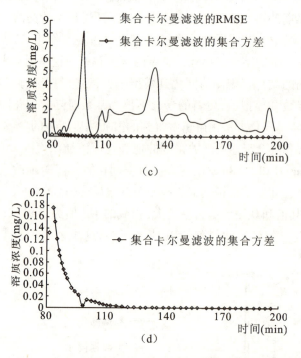

(a)解析解和集合卡尔曼滤波方法的预测值与观测值的比较;
(b)集合卡尔曼滤波方法中的参数 α, γ 和 h_{mix} 的变化;
(c)集合卡尔曼滤波方法中的 RMSE 和集合方差;
(d)集合卡尔曼滤波方法中的集合方差

图 6-3　初始非饱和沙土试验 1 的比较和参数

波方法不适合本试验研究。其原因可能是扩展的卡尔曼滤波方法是线性化当前均值和方差的一种非线性方法,故此,如果估测值和状态转换模型都为非线性的,其结果不是最优估计。另外,如果初始的状态估计是错误的,因为线性化的原因,滤波可能会很快地发散不收敛。

图 6-3(b)中,在集合卡尔曼滤波的所有模拟时间步长内,参数 h_{mix} 都必须大于 0.01cm,如果在同化的过程中不加入这个限制条件,在有些模拟时间内,为了使得预测结果在数学上最优,参数 h_{mix} 可能会变

6.6 集合卡尔曼滤波在地表径流溶质预测中的应用

成负数。这个现象可以解释为,土壤混合层中的 KCl 溶质浓度将随着时间降低,导致产生土壤混合层底部的溶质浓度梯度。为了减小梯度,更多的溶质将从土壤混合层底部进入土壤混合层。土壤混合层的深度越小,从土壤混合层底部进入土壤混合层的路径越短且进入速度也更快。故此,参数 h_{mix} 变得越来越小以致达到其下限值。

与入渗有关的非完全混合参数 γ 一直为负数,这表明在地表径流产生后,从土壤混合层底部向上弥散进入土壤混合层的溶质量,比由土壤混合层向下入渗进入土壤混合层下面的土壤的溶质量大。而且参数 γ 随着时间减小,其绝对值变大。这是因为在地表径流产生前,土壤混合层中的溶质会不停地向下入渗流失,此过程增大了土壤混合层和土壤混合层以下土壤间的 KCl 溶质浓度差,也导致了向上的弥散会随着时间增大。

与径流有关的非完全混合参数 α 随着时间增大,这可以解释为模型开始假定土壤混合层中的溶质是地表径流中溶质浓度的唯一来源,所以在地表径流产生后,土壤混合层的溶质变得很小。但是,从土壤混合层底部有溶质弥散进入土壤混合层,使得土壤混合层中的溶质浓度比原假定的要大很多,导致土壤混合层和地表径流层间的溶质浓度差变大,进而更多的 KCl 溶质从土壤混合层弥散进入地表径流层。所以,α 值增大且地表径流中的 KCl 溶质比原假定的值要高很多。由于本文依然用的土壤混合层中假定的 KCl 溶质浓度值,因此从土壤混合层弥散进入地表径流层的 KCl 溶质浓度比假定的浓度值高很多,这也是为什么在地表径流产生后,图 6-3(b) 中的 α 值甚至比 1 还要大的原因。

从图 6-3(c) 可以看到,尽管在有些同化时段 RMSE 值增大,但是从整个同化时间来看,RMSE 有下降的趋势。通过比较 RMSE 值和集合方差值,发现集合方差系统地小于 RMSE 值(集合均值和观测值之间的差值)。图 6-3(d) 显示了集合方差随时间减小,而在整个模拟期间,集合方差的均值为 0.024mg/L,其值比 Dif (1.88mg/L) 值小很多,这可能是由于集合数目不够大引起的。然而,如果从准确度和效率方面来同时考虑,集合数目为 100 来估计试验的均值场是较合理的。

6.6.1.2 初始饱和试验土壤

试验 2 为初始非饱和的沙土试验,在第 3 章中发现最优参数 h_{mix},α 和 γ 为常数且其值分别为 $0.1cm$,$0.134cm$ 和 $1.0cm$,本节中,在地表径流产生前,依然使用这些常数值。选定参数 h_{mix},α 和 γ 的初始猜测的集合均值为 $0.1cm$,$0.134cm$ 和 $1.0cm$,在数据同化过程中,h_{mix} 必须不小于 $0.001cm$。集合卡尔曼滤波和解析解得到的以对数形式表示的地表径流中的溶质浓度的预测结果见图 6-4(a),而集合卡尔曼滤波方法更新的参数 h_{mix},α 和 γ 随时间的变化表示如图 6-4(b),而图 6-4(c)展示了集合卡尔曼滤波方法对应的 RMSE 和集合方差随时间的变化情况。

在图 6-4(a)中,解析解得到的结果和通过集合卡尔曼滤波得到的结果和观测值都很吻合。因为在径流早期地表径流中的 KCl 溶质浓度较高,但是在径流后期,地表径流中的 KCl 溶质浓度变得很小,所以 KCl 溶质浓度值从径流早期到径流后期变化了几个量级。从图 6-4(a)中可以看到径流后期的 KCl 溶质浓度变化,解析解的结果明显地偏离观测数据,而由集合卡尔曼滤波得到的预测值与观测数据很相似。进一步,解析解和集合卡尔曼滤波的预测结果的 Dif 值分别为 $23.24mg/L$ 和 $20.31mg/L$,这表明集合卡尔曼滤波稍微改进了土壤中 KCl 溶质的地表径流损失的预测。同时,扩展卡尔曼滤波得到的 Dif 值为 $1006.52mg/L$,此值说明扩展卡尔曼滤波的预测值和观测值相差很远。因此同 6.6.1.1 部分一样,没有再次展示由扩展卡尔曼滤波得到的预测结果,也说明扩展卡尔曼滤波方法不适合本研究例子,其原因同 6.6.1.1 部分,不再赘述。

在图 6-4(b)中,由集合卡尔曼滤波方法得到的参数 γ 值为常数 1,这是参数 γ 的最大值。这是由于和试验 1 进行对比,在此试验中,地表径流期间土壤入渗率较高为 $0.032cm/min$(见表 6-2),由土壤入渗水带走的溶质量很大,因此从土壤混合层底部向土壤混合层弥散的溶质量几乎可以忽略不计。

在图 6-4(b)中,土壤混合层深度 h_{mix} 随时间增大,这是因为向下的入渗水将土壤混合层的 KCl 溶质带入土壤混合层以下,而向上的非完全弥散过程将土壤混合层的 KCl 溶质带入地表径流中,这导致

6.6 集合卡尔曼滤波在地表径流溶质预测中的应用

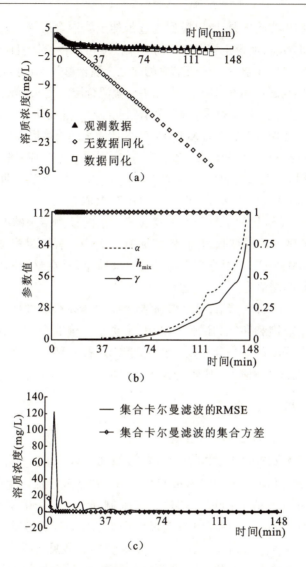

(a) 解析解和集合卡尔曼滤波方法的预测值与观测值的比较；
(b) 集合卡尔曼滤波方法中的参数 α, γ 和 h_{mix} 的变化；
(c) 集合卡尔曼滤波方法中的 RMSE 和集合方差

图 6-4 初始饱和沙土试验 2 的比较和参数

原来的土壤混合层中的 KCl 溶质不断减小。从土壤混合层底部没有其他的 KCl 溶质来源，所以模型通过延伸土壤混合层深度来包含更多的 KCl 溶质，使得土壤混合层的 KCl 溶质可以供给地表径流。

图 6-4(b) 也显示，与径流有关的非完全混合参数 α 也随着时间增大，其原因与图 6-3(b) 中的相同，如果土壤混合层深度 h_{mix} 假定为不变的常数，土壤混合层的溶质浓度将随着时间减小。然而，h_{mix} 值随着时间增大，新的土壤混合层中的 KCl 溶质浓度比原来的土壤混合层中的大，所以新的土壤混合层和地表径流层之间的溶质浓度差比原来假定的大，这引起参数 α 随着时间增大(见图 6-4(b))，也使得在径流后期，地表径流中的 KCl 溶质浓度比原来假定的大(图 6-4(a))。

图 6-4(c) 显示了集合卡尔曼滤波方法的预测结果的 RMSE 和集合方差随时间的变化，它们和图 6-3(c) 几乎一样。尽管在有的同化时段 RMSE 增大，但是它们都随着时间减小，且在整个模拟期间，集合方差的均值为 0.51，这也比 RMSE 小[175]。

从以上的研究结果，可以得到结论，集合卡尔曼滤波被成功地应用到初始非饱和和饱和试验土壤中，来更新土壤混合层中溶解性溶质向地表径流的损失预测以及相应的参数，被更新的参数不再是常数，而是与进程相关，这比较符合物理意义。

6.6.2 壤土试验

6.6.2.1 初始非饱和试验土壤

试验 3 为初始非饱和的壤土试验，最优参数 h_{mix}，α 和 γ 为常数且其值分别为 0.44cm，0.88cm 和 0.71cm，在地表径流产生前，它们也被选为初始猜测的集合均值。在限制条件 $h_{mix} \geq 0.01$cm，$\alpha \geq 0.0001$ 和 $\gamma \leq 1$ 下，由集合卡尔曼滤波产生的地表径流溶质浓度和观测值见图 6-5(a)，相应的集合卡尔曼滤波的参数见 6-5(b)。如果任意选定参数 h_{mix}，α 和 γ，由解析解得到的地表径流溶质浓度将随着时间减小且模拟的浓度值显著偏离观测值。但是，仍然将由常数参数得到的解析解的地表径流溶质浓度值显示于图 6-5(a)，其常数参数值为初始猜测的集合均值(见表 6-2)。

如图 6-5(a) 所示，由集合卡尔曼滤波方法得到的地表径流中的 KCl 溶质浓度和观测值很接近，而参数为常数时由解析解得到的预

6.6 集合卡尔曼滤波在地表径流溶质预测中的应用

测值在径流早期比观测值大,而在径流后期比观测值小。由集合卡尔曼滤波方法和解析解得到的 Dif 值分别为 0.88mg/L 和 3.10mg/L,而由扩展卡尔曼滤波方法得到的 Dif 值为 1.04mg/L,比集合卡尔曼滤波方法得到的值要大,这进一步表明集合卡尔曼滤波方法能够成功地预测土壤混合层中溶解性溶质向地表径流的流失,而扩展的卡尔曼滤波方法不行。

同图 6-4(b)中参数的变化情况,图 6-5(b)中的参数 γ 达到最大值 1.0,而参数 h_{mix} 和 α 随着时间增大,而参数增大的原因同上面解释的相同:土壤混合层中的 KCl 溶质浓度的减小导致土壤混合层深度 h_{mix} 的增大,而相应的土壤混合层和地表径流层的溶质浓度差

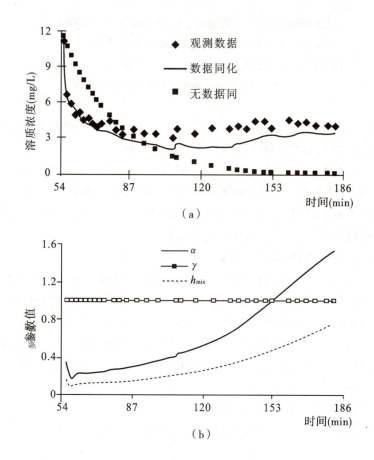

第6章 数据同化方法的应用

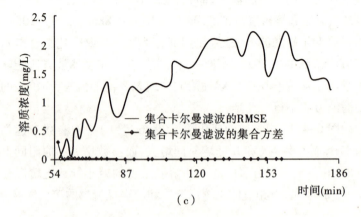

(c)

(a)解析解和集合卡尔曼滤波方法的预测值与观测值的比较;
(b)集合卡尔曼滤波方法中的参数 α,γ 和 h_{mix} 的变化;
(c)集合卡尔曼滤波方法中的 RMSE 和集合方差

图6-5 初始非饱和壤土试验3的比较和参数

别增大,因此引起参数 α 的增大。集合卡尔曼滤波的限制条件使得参数 γ 为1,其原因同上面对沙土试验的解释。

图6-5(c)表明集合卡尔曼滤波方法得到的集合方差随着时间减小,且其 RMSE 在开始随着时间增大,接着随着时间减小。这可能是由于模拟时间不是很长且 RMSE 有在晚期减小的趋势,所以,如果模拟时间更长,将会看到更小的 RMSE。

6.6.2.2 初始饱和试验土壤

试验4为初始饱和的壤土试验,同前面的初始非饱和沙土试验,在地表径流前,初始猜测的参数 h_{mix},α 和 γ 的值分别为 0.1cm,0.084cm和1.0cm,由这些固定的常数参数得到的解析解与观测值不吻合,且明显地偏离观测值(见图6-6(a))。但是同6.6.2.1部分,由解析解得到的地表径流中的 KCl 溶质浓度的预测值仍然列于图6-6(a),在应用集合卡尔曼滤波方法到此试验土壤中去时,限定条件为 $h_{mix} \geqslant 0.001cm, \alpha \geqslant 0.0001, \gamma \leqslant 1$,相应的结果见图6-6(a)和图6-6(b)。从图6-6(a)中可以看到,在整个径流期间,由集合卡尔曼

6.6 集合卡尔曼滤波在地表径流溶质预测中的应用

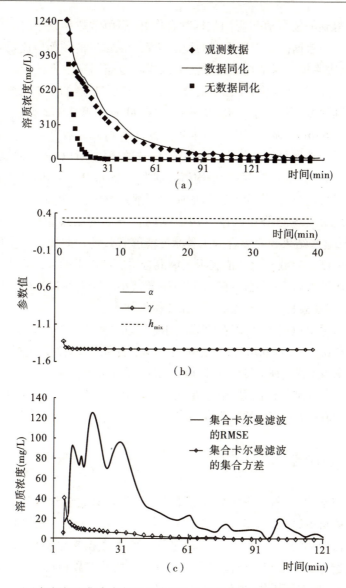

(a) 解析解和集合卡尔曼滤波方法的预测值与观测值的比较；
(b) 集合卡尔曼滤波方法中的参数 α,γ 和 h_{mix} 的变化；
(c) 集合卡尔曼滤波方法中的 RMSE 和集合方差

图 6-6 初始饱和壤土试验 4 的比较和参数

滤波得到的模拟值与观测数据吻合较好,而由常数参数下的解析解和没有用数据同化方法得到的地表径流溶质浓度的预测值比观测值小,这表明集合卡尔曼滤波方法可以成功地应用到壤土试验。进一步,没有用数据同化方法,用集合卡尔曼滤波和扩展的卡尔曼滤波方法得到的 Dif 值分别为 300.92mg/L,47.90mg/L 和 361mg/L。

图 6-6(b)显示了由集合卡尔曼滤波得到的更新参数 h_{mix}, α 和 γ,在整个地表径流过程中,3 个参数仅微微变化,所以所有参数看上去像是常数,且 3 个参数的平均值分别为 0.35cm,0.294 和 -1.50cm。因此,将这些均值作为常数参数应用到解析解中去,然而,这些结果显著地偏离观测值且和没有用数据同化方法的结果相似(图 6-6(a)),这些结果表明集合卡尔曼滤波能够有效地预测地表径流中的溶质浓度。参数 γ 的负值表示土壤混合层底部以下的 KCl 溶质弥散进入土壤混合层,参数 γ 随着时间微微减小。同上面讨论的原因相同,引起地表径流其间参数 h_{mix} 和 α 微微增大。

从图 6-6(c)中,可以看到,集合卡尔曼滤波中的 RMSE 和集合方差几乎和 6.6.1.1 和 6.6.1.2 部分相同,所以在此部分没有对之进行分析。

通过上面的研究结果,可以得到结论集合卡尔曼滤波可以应用到初始非饱和与饱和壤土试验中去,它可以改进地表径流中溶解性溶质浓度的预测值和更新相应的参数值。

6.7 小结

在本章中,基于土壤混合层中溶解性溶质迁移到地表径流层中去的解析解,发展了集合卡尔曼滤波方法来更新系统的状态变量:地表径流中的溶质浓度,且同时通过同化观测数据来更新模型参数。为了避免由集合卡尔曼滤波方法引起的更新的参数和状态变量违背物理意思,在应用集合卡尔曼滤波之后,一些限制条件强加到更新的参数 h_{mix}, α 和 γ 中去。由假定的研究例子验证了集合卡尔曼滤波方法可以成功地改进地表径流中溶解性溶质的浓度以及相应的参数 h_{mix}, α 和 γ,通过比较常数参数的解析解和集合卡尔曼滤波得到的结果,发现后者的模拟结果和观测数据比较接近,表明由集合卡尔曼滤波得到的预测结果比常数参数时的解析解更准确。通过对集合数目大小的分析表明,100 个实现或者集合数目将足够适合来预测地表径流中溶解性溶质的浓度。

集合卡尔曼滤波方法也应用于分析初始非饱和与饱和状态下的沙土和壤土试验数据,将其结果与没有应用数据同化方法得到的结果进行比较,发现集合卡尔曼滤波方法显著地改进了对土壤中溶解性溶质迁移到地表径流的预测,而扩展的卡尔曼滤波方法和观测值不接近。同时,更新的参数 h_{mix}, α 和 γ 在物理意义上更为合理。然而,依然需要进行进一步的研究来改进模型,使得模型参数为常数。

第7章 总结与展望

7.1 研究内容总结

随着经济的发展,点源污染逐渐被重视和得到治理,使得面源污染在环境污染中所占的比例越来越大,农业面源污染是面源污染的最主要组成部分,已成为世界范围内地表水和地下水污染的主要来源。为获得农作物增产,我国化肥施用量已达1亿吨,化肥施用水平比世界化肥施用水平高出2.6倍,而化肥利用率仅有20%~50%的水平,大量氮磷成分通过地表径流的途径进入水体引起地表水体富营养化,资源浪费。

本文在总结和借鉴前人相关研究的基础上,建立了二层非完全混合模型,用于预测土壤中溶解性溶质向地表径流的迁移过程,在假定非完全混合参数为常数的情况下,得到解析解。通过室内模拟降雨试验,得到地表径流中溶解性溶质浓度的试验数据,对解析模型进行了初步验证。同时,通过试验数据,识别了模型参数,并采用集合卡尔曼滤波方法同化观测数据,反演模型参数并改进地表径流中溶解性溶质的预测值。总结全文,本文主要研究工作概括如下:

(1) 本文总结了农业面源污染的现状,对土壤中溶解性溶质的地表径流迁移理论的国内外研究进展进行概述,对地表径流溶质迁移的数学模拟方法进行分类和比较,概述了数据同化方法的研究进展及其应用情况。分析地表径流溶质迁移理论的发展趋势和数值模拟研究目前存在的主要问题,在前人研究成果的基础上,针对地表径流产生前存在积水层的问题,采用非完全混合理论为基础的地表径流迁移模拟的数学分析基础框架,给出全文的研究内容,为各章节的研究提供依据。

7.1 研究内容总结

(2)在考虑初始非饱和土壤在产生地表径流前存在地表积水的条件下,将整个研究系统限在地表积水-径流层和土壤混合区,通过与地表径流有关的非完全混合参数、与土壤入渗率有关的非完全混合参数和土壤混合层深度参数,建立了简单的二层非完全混合模型,其中与土壤入渗率有关的非完全混合参数表示在土壤混合层底部的净流失率,即为土壤混合层底部溶质的向下入渗和向上的弥散的综合占入渗的比例,避免复杂的弥散项。在与地表径流有关的和与土壤入渗率有关的非完全混合参数为常数的假定下,得到了从降雨开始到地表产生径流期间,不同降雨阶段中土壤混合层中溶解性溶质浓度的解析解。

(3)通过室内模拟降雨试验验证了本文提出的地表径流中溶解性溶质的迁移预测模型。详细地介绍了室内模拟降雨土槽试验装置,从试验土壤的准备以及模拟降雨试验操作等过程及不同土壤模拟降雨试验状况下的试验参数,都做出了详细的描述,通过收集和观测模拟降雨过程中地表径流的溶解性溶质浓度数据,验证了本文中提出的地表径流中溶解性溶质迁移的解析模型,证明本文提出的模型是正确有效的,此模型不仅可以应用到初始非饱和土壤中去,还可以通过简化应用到初始饱和土壤中去,并分析讨论了二层简单模型中非完全混合参数和土壤混合层深度参数对模型预测的影响,对模型中的参数进行了敏感性分析,提出了降低土壤中溶解性溶质的地表径流流失措施。本文还将模型扩展到线性吸附性溶质的地表径流迁移过程中去,由敏感性分析探讨了模型参数和土壤物理参数对溶质地表径流迁移流失过程的影响。

(4)对不同条件下的试验数据进行了全面的分析,对土壤中溶解性溶质通过地表径流和地下排水等不同途径流失进行了总结,从试验角度讨论并研究了降雨过程中农田中积水层的存在以及降雨强度、试验土壤类型、排水条件以及试验土壤的初始体积含水率等不同因素对溶解性溶质地表径流流失和地下排水流失的影响。

(5)对本文提出的二层简单模型参数进行了识别。在假定土壤混合层深度为常数的情况下,通过室内模拟降雨试验,观测得到的地表径流中溶解性溶质的浓度值来反求和识别二层非完全混合模型中的非完全混合参数,并且由识别结果分析讨论了非完全混合参数随时间的变化情况。

(6)应用数据同化方法预测模拟了地表径流中溶解性溶质的迁移过程,反演了模型参数并更新预测值。本文中以集合卡尔曼滤波模型为反演模型,将前面提出的二层简单模型作为预测地表径流中溶解性溶质迁移的正演模型,通过同化观测得到的地表径流中溶解性溶质的浓度值来更新二层简单模型的非完全混合参数和土壤混合层深度参数,并改进地表径流中溶解性溶质浓度的预测值。

7.2 主要创新点

总体来说,本文在以下几个方面的研究成果有所创新:

(1)对于初始非饱和土壤,首次考虑到初始非饱和土壤在地表产生径流前存在地表积水的条件,将整个研究系统视为地表积水-径流层和土壤混合区,提出了二层非完全混合模型,获得模型的解析解。此模型简单易懂、准确可靠,且可以进一步简化应用于初始饱和土壤的地表径流问题。

(2)首次在考虑积水层的情况下,对初始非饱和土壤进行了室内模拟降雨试验,且对土壤溶质的地表径流和地下排水损失进行了全面的分析和研究,得到了在暴雨强度下,不同因素对土壤中溶解性溶质的地表径流流失和地下排水流失的影响。在试验过程中发现土壤溶质的损失不以地表径流为主,因此当降低地下排水和地表径流的措施相互矛盾时,应该将降低地下排水放在首位,其研究成果为降低农业面源污染和提高农业肥料的利用率提供依据。

(3)利用试验数据对二层简单模型中的非完全混合参数进行了反求和识别,提出了反求参数的方法,首次得到随时间变化的非完全混合参数,且通过对识别的参数分析讨论得到此二层非完全混合预测模型的适用条件。将数据同化方法应用到地表径流中溶解性溶质的迁移预测模拟过程中去,提出了模型参数识别和模型预测的新途径。

7.3 展望

本文建立了土壤中溶解性溶质的地表径流流失预测模型,并通过室内模拟降雨试验证明此模型简单且准确可行。由于时间和水平有限,本论文难免存在不足之处,需要在理论和方法上作进一步深入探讨,现将有待进一步研究和解决的问题概括如下:

(1) 模型没有考虑不溶解性溶质的地表径流流失,也没有考虑降雨对表层土壤的冲刷,即没有考虑氮、磷的土壤侵蚀的损失。实践证明,在植被不完善的情况下,颗粒性氮、磷的地表径流损失量是相当可观的,因此预测模型还需要继续得到完善。

(2) 在非完全混合参数为常数的情况下,仅有 2 组试验数据用来验证本文提出的预测模型,需要进行更多的室内模拟降雨试验来验证模型。尽管试验中的模拟降雨强度不同,但是降雨强度比较接近,且都在暴雨强度范围内,没有考虑不同降雨强度范围内的情况,比如在降雨强度为中雨和小雨时的地表径流溶质损失特征,需要进一步进行试验来探讨。另外,试验中也没有考虑地表土壤的冲刷流失以及有无植被时,土壤中溶解性溶质的地表径流损失,且没有进行颗粒性溶质流失的试验研究。本文的试验都是在室内进行的,这与实际的田间状况有所不同,需要进一步开展田间试验研究。

(3) 本文对模型参数进行识别时,假定模型中的土壤混合层深度参数为常数,没有考虑将其看作变量的状况,这需要大量的持续研究工作来完善。且在分析研究中发现非完全混合参数随时间变化,甚至有时还很敏感,可考虑将非完全混合参数由一些常数参数和时间变量组成的公式来表达,这也需要大量的时间精力以及试验进行完善验证。

(4) 在应用数据同化方法来改进并更新参数和预测值时,其反演过程是动态的,即模型参数在不同时刻有不同的值,模型参数在模拟结束时刻都没有达到稳定值,这可能是试验时间不够长,也可能是由于反演方法不稳定引起的,需要对反演方法进行深入的研究。

参 考 文 献

[1] 宋涛,成杰民,李彦,等.农业面源污染防控研究进展[J].环境科学与管理,2010,35(2):39-42.

[2] 朱兆良.由"点"到"面"治理农业污染[N].人民日报,2005,2(5).

[3] 胡雪涛,陈吉宁,张天柱.非点源污染模型研究[J].环境科学,2002,23(3):24-128.

[4] Lee S. I. Non-point source pollution [M]. Fisheries,1979,(2):50-52.

[5] 陶春,高明,徐畅,等.农业面源污染影响因子及控制技术的研究现状与展望[J].土壤,2010,42(3):336-343.

[6] 余进祥,刘娅菲.农业面源污染理论研究及展望[J].江西农业学报,2009,21(1):137-142.

[7] Udoyuru S. T., and J. Robbert. Evaluating agricultural non-point source pollution using intergrated geographic information systems and hudrologic water quality model [J]. Environment Quality,1994,(23):25-35.

[8] 赵永宏,邓祥征,战金艳,等.我国农业面源污染的现状与控制技术研究[J].安徽农业科学,2010,38(5):2548-2551.

[9] Dennis L. C., et al. Non-point pollution modeling based on GIS [J]. Soil & Water Conservation, 1998, (1): 75-88.

[10] 宋家永,李英涛,宋宇,等.农业面源污染的研究进展[J].中国农学通报,2010,26(11):362-365.

[11] 仓恒瑾,许炼峰,李志安,等.农业非点源污染控制中的最佳管理措施及其发展趋势[J].生态科学,2005,24(2):173-177.

[12] 郑涛,穆环珍,黄衍初,等.非点源污染控制研究进展[J].环境保护,2005,DOI:CNKI:SUN:HJBU.0.2005-02-006.

[13] Sharpley A. N. , S. C. R. Chapra, R. Wedepohl, et al. Managing agricultural phosphorus for protection of surface waters, issues and options [J]. Journal of Environmental Quality, 1994, 23: 427-451.

[14] 陈火君.我国农业面源污染的成因与对策[J].广东农业科学,2010,(9):205-207.

[15] 邱钰棋,付永胜,朱杰,等.农业面源污染现状及其对策措施[J].新疆环境保护,2006,28(4):32-35.

[16] 李伟华,袁仲,张慎举.农业面源污染现状与控制措施[J].安徽农业科学,2007,35(33):10784-10786.

[17] US Environmental Protection Agency Non-point source pollution from agriculture[EB/OL]. http//www.epa.gov/region8/water/nps/npsurb.htm, 2003.

[18] Kronvang B. Diffuse nutrient losses in Denmark[J]. Water Science and Technology, 1996, 33(4/5): 81-88.

[19] Ongley E. D. Control of water pollution from agriculture rome: food and agriculture organization of the United Nations[M], 1996.

[20] Atsushi I, and Y. Kiyoshi. Study on characteristics of pollutant runoff into Lake Biwa, Japan[J]. Water Science and Technology, 1999, 39(12): 17-25.

[21] Lena B. V. The nutrients retention in Riparian[J]. AMBIO, 1994, 23(6): 342-347.

[22] Leba B. V. Nutrient preserving in riverine transitional srip [J]. Journal of Human Environment, 1994, 3(6): 342-347.

[23] Chen H. Restoration project of the ecosystem in Tai Lake [J]. Resource Environment Yangtze Basin, 2001, 10(2): 173-178.

[24] 郭圣浩,孙丽菲.基于水文模型的面源污染模拟研究综述[J].理论科学,2010,(4):12-13.

[25] 胡良军,李锐,杨勤科.基于GIS的区域水土流失评价研究

[C].全国区域水土流失快速调查与管理信息系统.学术研讨会论文集,1999.

[26] Boers P. C. M. Nutrient en issions from agriculture in the Neherlands causes and remedies [J]. Water Sci Technol (G. B), 1996, 33: 183-190.

[27] UUNK EJB. Eutrophication of surface waters and the contribution of agriculture [J]. Proceeding of the Fertilizer Society, 1991, 30: 3-55.

[28] 陈超,黄东风,邱孝煊,等.闽江中上游流域农业面源污染调查评估及其防治技术探讨[J].农业环境科学学报,2007,26(增刊):368-374.

[29] 程存旺,石嫣,温铁军.氮肥的真实成本[R].2010.1.

[30] 王建兵,程磊.农业面源污染现状分析[J].江西农业大学学报:社会科学版,2008(9):35-39.

[31] 郭慧光,闫自申.滇池富营养化及面源控制问题思考[J].环境科学研究,1999,12(5):43-45.

[32] 郭怀成,孙延枫.滇池水体富营养化特征分析及控制对策探讨[J].环境科学,2002,21(5):500-506.

[33] 刘丽萍.滇池富营养化发展趋势分析及其控制对策[J].云南环境科学,2001,20(2):25-27.

[34] 程波,张泽,陈凌,等.太湖水体富营养化与流域农业面源污染的控制[J].农业环境科学学报,2005(S1):18-124.

[35] 于峰,史正涛,彭海英.农业非点源污染研究综述[J].环境科学与管理,2008,(8):54-59.

[36] 冉江华,黄洁.农业面源污染研究现状及发展趋势[J].山西农业科学,2009,37(3):7-10.

[37] 叶恩发,黄金煌.加强福建省农业面源污染防治工作的对策与建议[J].中国农学通报,2004,(11):45-47.

[38] 赵同科,张强.农业非点源污染现状、成因及防治对策[J].中国农学通报,2004,(11):14-17.

[39] 张道夫.化肥污染的趋势与对策[J].环境科学,1985,6(6):

54-58.

[40] 王海云. 三峡库区农业面源污染现状及控制对策研究[J]. 人民长江,2005,36(11):12-15.

[41] Baker J. L., J. M. Laflen, and H. P. Johnson. Effects of tillage systems on runoff losses of pesticides: A rain simulation study [J]. Trans. ASAE. 1978, 21(5):886-892.

[42] Ahuja L. R. Release of soluble chemical from soil to runoff [J]. Trans. ASAE. 1982, 25:948-953, 960.

[43] Baker J. L., J. M. Laflen, and R. O. Hartwig. Effects of corn residue and herbicide placement on herbicide runoff losses [J]. Trans. ASAE. 1982, 25:340-343.

[44] Baker J. L., and J. M. Laflen. Effects of corn residue and fertilizer management on soluble nutrient runoff losses [J]. Trans. ASAE. 1982, 25:344-348.

[45] Ahuja L. R, O. R. Lehman, and A. N. Sharpley. Bromide and phosphate in runoff water from shaped and cloddy soil surface [J]. Soil. Sci. Soc. Am. J. 1983, 47:746-748.

[46] Ahuja L. R, and O. R. Lehman. The extent and nature of rainfall – soil interaction in the release of soluble chemicals to runoff [J]. J. Environ. Qual. 1983, 12:34-40.

[47] Heathman, G. C., L. R. Ahuja, and O. R. Lehman. The transfer of soil surface-applied chemicals to runoff [J]. Trans. ASAE., 1985, 28:1909-1915, 1920.

[48] Hubbard R. K., R. G. Williams, and M. D. Erdman. Chemical transport from coastal plain soils under simulated rainfall: I. surface runoff, percolation, nitrate, and phosphate movement [J]. Trans. ASAE., 1989, 32(4): 1239-1249.

[49] Ahuja L. R. Modeling soluble chemical transfer to runoff with rainfall impact as a diffusion process [J]. Soil. Sci. Soc. Am. J. 1990, 54:312-321.

[50] Ashraf M. S., and D. K. Borah. Modeling pollution transport in

runoff and sediment [J]. Trans. ASAE. 1992, 35(6): 1789-1797.

[51] Wallach R., and R. Shabtai. Surface Runoff Contamination by Chemicals Initially Incorporated below the Soil Surface [J]. Water Resour. Res., 1993, 29(3):697-704.

[52] 王全九,王文焰,沈晋. 黄土坡面溶质随径流迁移的对流质量传递模型[J]. 水土保持研究,1994a,1(5):12-15.

[53] 王全九,王文焰,沈晋. 黄土坡面溶质随径流迁移相应函数模型[J]. 水利学报,1994b,(11):18-21,36.

[54] 沈冰,王全九,李怀恩. 土壤中农用化合物随地表径流迁移研究述评[J]. 水土保持通报,1995,15(3):1-7,60.

[55] 杨新民,沈冰,王文焰. 降雨径流污染及其控制述评[J]. 土壤侵蚀与水土保持学报,1997,3(3):58-62,70.

[56] Zhang X. C., D. Norton, and M. A. Nearing. Chemical transfer from soil solution to surface runoff [J]. Water Resour. Res., 1997, 33(4): 809-815.

[57] 邵明安,张兴昌. 坡面土壤养分与降雨、径流的相互作用机理及模型[J]. 科技前沿与学术评论,2001,23(2):7-12.

[58] Wallach R., G. Galina, and R. Judith. A Comprehensive Mathematical Model for Transport of Soil-Dissolved Chemicals by Overland Flow [J]. J. Hydrol., 2001, 247:85-99.

[59] 赵允格,邵明安. 不同施肥条件下农田硝态氮迁移的试验研究[J]. 农业工程学报,2002,18(4):37-40.

[60] 顾琦,刘敏,蒋海燕. 上海市区降水径流磷的负荷空间分布[J]. 上海环境科学,2002,21(4):213-215.

[61] 彭浩,邵明安,张兴昌. 黄土区土壤钾素径流流失机理研究进展[J]. 土壤与环境,2002,11(2):172-177.

[62] Gao B., M. T. Walter, T. S. Steenhuis, J.-Y. Parlange, K. Nakano, C. W. Rose, and W. L. Hogarth. Investigating ponding depth and soil detachability for a mechanistic erosion model using a simple experiment [J]. J. Hydrol., 2003, 277:116-124.

[63] 黄满湘,张国梁,张秀梅,等.官厅流域农田地表径流磷流失初探[J].生态环境,2003a,12(2):139-144.

[64] 黄满湘,周成虎,章申,等.北京官厅水库流域农田地表径流生物可利用磷流失规律[J].湖泊科学,2003b,15(2):118-124.

[65] Gao B., M. T. Walter, T. S. Steenhuis, W. L. Hogarth, and J.-Y. Parlange. Rainfall induced chemical transport from soil to runoff: theory and experiments [J]. J. Hydrol., 2004, 295:291-304.

[66] Gao B., M. T. Walter, T. S. Steenhuis, J.-Y. Parlange, B. K. Richards, W. L. Hogarth, and C. W. Rose. Investigating raindrop effects on transports of sediment and non-sorbed chemicals from soil to surface runoff [J]. J. Hydrol., 2005, 308:313-320.

[67] 李俊波,华珞,冯琰.坡地土壤养分流失研究概况[J].土壤通报,2005a,36(5):753-759.

[68] 王鹏,高超,姚琪,等.环太湖丘陵地区农田氮素随地表径流输出特征[J].农村生态环境,2005,21(2):46-49.

[69] 庹刚,李恒鹏,金洋,等.模拟暴雨条件下农田磷素迁移特征[J].湖泊科学,2009,21(1):45-52.

[70] 王全九,王辉.黄土坡面土壤溶质随径流迁移有效混合深度模型特征分析[J].水利学报,2010,41(6):671-676.

[71] 曹志洪,林先贵,杨林章,等.论"稻田圈"在保护城乡生态环境中的功能Ⅰ稻田土壤磷素径流迁移流失的特征[J].土壤学报,2005a,42(5):799-804.

[72] 曹志洪,林先贵,等.太湖流域土-水间的物质交换与水环境质量[M].北京:科学出版社.2005b.

[73] Stone J. J, L. J Lane, and E. D Shirley. Infiltration and runoff simulation on a plane [J]. Trans. ASAE., 1992, 35(1): 161-170.

[74] Schmid B. H. On overland flow modellin: can rainfall excess be treated as independent of flow depth? [J]. J. Hydrol., 1989, 107: 1-8.

[75] Wallach R., G. Grigorin, and J. Rivlin (Byk). The errors in

surface runoff prediction by neglecting the relationship between infiltration rate and overland flow depth [J]. J. Hydrol. , 1997, 200: 243-259.

[76] Leonard J. , O. Ancelin, B. Ludwig, and G. Richard. Analysis of the dynamics of soil infiltrability of agricultural soils from continuous rainfall-runoff measurements on small plots [J]. J. Hydrol. , 2006, 326: 122-134.

[77] Chen J. Y. , and J. A. Barry. Development of analytical models for estimation of urban stormwater runoff [J]. J. Hydrol. , 2007, 336: 458-469.

[78] Du J. K. , S. P. Xie, Y. P. Xu, C. Y. Xu, and V. P. Singh. Development and testing of a simple physically-based distributed rainfall-runoff model for storm runoff simulation in humid forested basins [J]. J. Hydrol. , 2007, 336: 334-346.

[79] Chou C. M. Efficient nonlinear modeling of rainfall-runoff process using wavelet compression [J]. J. Hydrol. , 2007, 332: 442-455.

[80] Walton R. S. , R. E. Volker, K. L. Bristow, and K. R. J. Smettem. Experimental examination of solute transport by surface runoff from low-angle slopes [J]. J. Hydrol. , 2000, 233: 19-36.

[81] Timmons D. R. , R. E. Burwell, and R. F. Holt. Nitrogen and phosphorus losses in surface runoff from agricultural land as influenced by placement of broadcast fertilizer [J]. Water Resour. Res. , 1973, 9(3): 658-667.

[82] 黄满湘,章申,唐以剑,等.模拟降雨条件下农田径流中氮的流失过程[J].土壤与环境,2001,10(1):6-10.

[83] Mein R. G. , and C. L. Larson. Modeling infiltration during a steady rain [J]. Water Resour. Res. , 1973 , 9(2): 384-394.

[84] 王晓龙,李辉信,胡锋,等.红壤小流域不同土地利用方式下土壤N、P流失特征研究[J].水土保持学报,2005,19(5):31-

34,55.

[85] 刘永祺,陈西平,廖仿明.农田径流水体中的"三氮"含量与变化[J].水电站设计,1999,15(3):86-88,51.

[86] 王强,杨京平,陈俊,等.施氮后稻田中三氮含量的变化特征及模拟[J].人民长江,2004,35(1):43-45.

[87] 宋蕾,王永胜,张鸿涛.关中抽渭灌区农田面源污染对渭河水体的影响.环境保护,2001,(8):24-26,28.

[88] 黄满湘,章申,张国梁,等.北京地区农田氮素养分随地表径流流失机理[J].地理学报,2003c,58(1):147-154.

[89] 李俊波,华珞,付鑫,等.地表径流中 K、Na 流失量分析及其影响因素研究[J].中国水土保持SWCC,2005b,(2):5-7.

[90] 吴发启,赵晓光,刘秉正,等.黄土高原南部缓坡耕地降雨与侵蚀的关系[J].水土保持研究,1999,6(2):53-60.

[91] 王晓燕,高焕文,李洪文,等.保护性耕作队农田地表径流与土壤水蚀影响的试验研究[J].农业工程学报,2000,16(3):66-69.

[92] 张宇,张荣杜.滇池东岸暴雨径流特征分析[J].云南环境科学,2004,23(2):19-22.

[93] 段永惠,张乃明,洪波,等.滇池流域农田土壤氮磷流失影响因素探析[J].中国生态农业学报,2005,13(2):116-118.

[94] Ahuja L. R, A. N. Sharpley, M. Yamamoto, and R. G. Menzel. The depth of rainfall-runoff-soil interactions as determined by 32p [J]. Water. Resour. Res. 1981a, 17:969-974.

[95] 付伟章,史衍玺.施用不同氮肥对坡耕地径流中 N 输出的影响[J].环境科学学报,2005,25(12):1676-1681.

[96] 高超,朱继业,朱建国,等.不同土地利用方式下的地表径流磷输出及其季节性分布特征[J].环境科学学报,2005,25(11):1543-1549.

[97] 张乃明,余扬,洪波,等.滇池流域农田土壤径流磷污染负荷影响因素[J].环境科学,2003,24(3):155-157.

[98] 张乃明,张玉娟,陈建军,等.滇池流域农田土壤氮污染负荷

影响因素研究[J]. 中国农学通报,2004,20(5):148-150.

[99] 李洪勋. 土壤侵蚀与降雨关系研究[J]. 青海农林科技,2005,(2):6-8.

[100] 段永惠,张乃明,张玉娟. 农田径流氮磷污染负荷的田间施肥控制效应[J]. 水土保持学报,2004,18(3):130-132.

[101] 仓恒瑾,许炼峰,李志安,等. 农田氮流失与农业非点源污染[J]. 热带地理,2004,24(4):332-336.

[102] Synder J. K., and D. A. Woolhiser. Effects of infiltration on chemical transport into overland flow [J]. Trans. ASAE. 1985, 28:1450-1457.

[103] Ahuja L. R., J. D. Ross, and O. R. Lehman. A theoretical analysis of interflow of water through surface soil horizons with implications for movement of chemicals in field runoff [J]. Water. Resour. Res. 1981b, 17:65-72.

[104] Wallach R., A. T. William, and F. S. William. Modeling the losses of soil-applied chemicals in runoff: lateral irrigation versus precipitation [J]. Soil. Sci. Soc. Am. J., 1988a, 52:605-612.

[105] Havis R. N., R. E. Smith, and D. D. Adrian. Partitioning solute transport between infiltration and overland flow under rainfall [J]. Water Resour. Res., 1992, 28(10):2569-2580.

[106] Corradini C., R. Morbidelli, and F. Melone. On the interaction between infiltration and Hortonian runoff [J]. J. Hydrol., 1998, 204:52-67.

[107] Ogden C. B., H. M. Vanes, and R. R. Schindelbeck. Miniature rain simulator for field measurement of soil infiltration [J]. Soil Sci. Soc. Am. J., 1997, 61:1041-1043.

[108] Corradini C., F. Melone, and R. E. Smith. A unified model for infiltration and redistribution during complex rainfall patterns [J]. J. Hydrol., 1996, 192:104-124.

[109] 张兴昌,邵明安. 坡地土壤氮素与降雨、径流的相互作用机理及

模型[J]. 地理科学进展,2000,19(2):128-135.

[110] 张光辉. 土壤侵蚀模型研究现状与展望[J]. 水科学进展,2002,13(3):389-396.

[111] 罗细芳,姚小华. 水土流失机理与模型研究进展[J]. 江西农业大学学报,2004,26(5):813-817.

[112] 蒋光毅,史东梅. 人工模拟降雨条件下紫色土土壤刻蚀性研究[D]. 西南大学硕士学位论文,2006.5.

[113] Ahuja L. R, A. N. Sharpley, and O. R. Lehman. Effect of soil slope and rainfall characteristics on phosphorus in runoff [J]. J. Environ. Qual. 1982, 11:9-13.

[114] Nearing M. A., and J. M. Bradford. Relationship between waterdrop properties and forces of impact [J]. Soil Sci. Soc. Am. J., 1987, 51: 425-430.

[115] Nearing M. A., J. M. Bradford, and R. D. Holtz. Measurement of waterdrop impact pressures on soil surfaces [J]. Soil. Sci. Soc. Am. J. 1987, 51:1302-1306.

[116] Helalia A. M., J. Letey, and R. C. Graham. Crust formation and clay migration effects on infiltration rate [J]. Soil Sci. Soc. Am. J., 1988, 52: 251-255.

[117] Hairsine P. B. and C. W. Rose. Rainfall detachment and depostion: sediment transport in the absence of flow-driven process [J]. Soil Sci. Soc. Am. J., 1991, 55:320-324.

[118] Proffitt A. P. B., C. W. Rose, and P. B. Hairsine. Rainfall detachment and depposition: experiments with low Slope and significant water depths [J]. Soil Sci. Soc. Am. J., 1991, 55:325-332.

[119] Sharma P. P., S. C. Gupta, and G. R. Foster. Predicting soil detachment by raindrop [J]. Soil Sci. Soc. Am. J., 1993, 57: 674-680.

[120] Levy G. J., J. Levin, and I. Shainberg. Seal formation and interrill soil erosion [J]. Soil Sci. Soc. Am. J., 1994, 58:

203-209.

[121] Morin J., and J. Van Winkel. The effect of raindrop impact and sheet erosion on infiltration rate and crust formation [J]. Soil Sci. Soc. Am. J., 1996, 60: 1223-1227.

[122] Sander G. C., P. B. Hairsine, C. W. Rose, D. Cassidy, J.-Y. Parlange, W. L. Hogarth, and I. G. Lisle. Unsteady soil erosion model, analytical solutions and comparison with experimental results [J]. J. Hydrol., 1996, 178: 351-367.

[123] Parlange J. -Y., W. L. Hogarth, C. W. Rose, G. C. Sander, P. Hairsine, and I. Lise. Note on analytical approximations for soil erosion due to rainfall impact for sediment transport with no inflow [J]. J. Hydrol., 1999, 217: 149-156.

[124] Heilig A., D. Debruyu, M. T. Walter, C. W. Rose, J. Y. Parlange, G. C. Sander, Hairsine, P. B. W. L. Hogarth, L. P. Walker, and T. S. Steenhuis. Testing a mechanistic soil erosion model with a simple experiment [J]. J. Hydrol., 2001, 244:9-16.

[125] 何小武,张光辉,刘宝元.坡面薄层水流的土壤分离实验研究[J].农业工程学报,2003,19(6):52-55.

[126] Cao Z. X. Comment on "STAND, a gynamic model for sediment transport and water quality" by W. Zeng and M. Beck, 2003. Journal of Hydrology 277, 125-133[J]. J. Hydrol., 2004, 297:301-304.

[127] 吕军杰,李俊红,张浩,等.保持耕作下黄土坡耕地水土流失规律研究——田间模拟降雨试验方法[J].耕作与栽培,2004,(6):18-19.

[128] Zeng W., and M. B. Beck. Reply to Comment on "STAND, a gynamic model for sediment transport and water quality" by W. Zeng and M. Beck, 2003 [J]. Journal of Hydrology 277, 125-133. J. Hydrol., 2004, 297:305-307.

[129] Lei T. W., Y. H. Pan, H. liu, W. H. Zhang, and J. P. Yuan.

A run off-on-ponding method and models for the transient infiltration capability process of sloped soil surface under rainfall and erosion impacts [J]. J. Hydrol., 2006, 319:216-226.

[130] Wei W., L. D. Chen, B. J. Fu, Z. L. Huang, D. P. Wu, and L. D. Gui. The effect of land uses and rainfall regimes on runoff and soil erosion in the semi-arid loess hilly area, China [J]. J. Hydrol., 2007, 335: 247-258.

[131] Wallach R. Approximate Analytical Solution for Soil Chemical Transfer to Runoff: a Modified Boundary Condition [J]. Water Resour. Res., 1993, 29(5): 1467-1474.

[132] 王少丽,S. O. Prasher,C. C. Yang,等.排水氮运移模型对地表和地下排水量和硝态氮损失的模拟评价[J].水利学报,2004,(9):111-117.

[133] 贺宝根,高效江,许世远,等.农田非点源污染研究中的降雨径流关系——SCS法的修正[J].环境科学研究,2001a,14(3):49-51.

[134] 贺宝根,周乃晟,胡雪峰,等.农田降雨径流污染模型探讨——以上海郊区农田氮素污染模型为例[J].长江流域资源与环境,2001b,10(2):159-165.

[135] Emmerich W. E., D. A. Woolhiser, and E. D. Shirley. Comparison of lumped and distributed models for chemical transport by surface runoff [J]. J. Environ. Qual., 1989, 18:120-126.

[136] Zhang, X. C., L. D. Norton, T. Lei, and M. A. Nearing. Coupling mixing zone convept with convection-diffusion equation to predict chemical transfer to surface runoff [J]. Trans. ASAE., 1999, 42(4): 987-994.

[137] Wallach R., A. T. William, and F. S. William. Transfer of chemicals from soil solution to surface runoff: a diffusion-based soil model [J]. Soil. Sci. Soc. Am. J., 1988b, 52:612-618.

[138] Wallach R., and M. Th. Van Genuchten. A physically based model for predicting solute transfer from soil to rainfall-induced

[139] Wallach R. Runoff contamination by soil chemicals: time scale approach [J]. Water Resour. Res., 1991, 27(2): 215-223.

[140] Steenhuis T. S., and M. F. Walter. Closed form solution for pesticide loss in runoff water [J]. Trans. ASAE., 1980, 23(3): 615-620, 628.

[141] Wallach R., A. J. William, and F. S. William. The Concept of Convective Mass Transfer for Predicting of Surface Runoff Pollution by Soil Surface Applied Chemicals [J]. Trans. ASAE., 1989a, 32(3): 906-912.

[142] Wallach R. et al. Modeling Solute Transfer from Soil to Surface Runoff: The Concept of Effective Depth of Transfer [J]. J. Hydrol., 1989b, 109: 307-317.

[143] 王全九,王文焰,沈冰,等.降雨-地表径流-土壤溶质相互作用深度[J].土壤侵蚀与水土保持学报,1998a,4(2):41-46.

[144] 王全九,沈冰,王文焰.降雨动能对溶质径流过程影响的实验研究[J].西北水资源与水工程,1998b,9(1):17-21.

[145] 王全九,邵明安,李占斌,等.黄土区农田溶质径流过程模拟方法分析[J].水土保持研究,1999a,6(2):67-71,104.

[146] Heathman, G. C., L. R. Ahuja, and J. L. Baker. Test of nonuniform mixing model for transfer of herbicides to surface runoff [J]. Trans. ASAE., 1986, 29:450-455, 461.

[147] LeDimet F. X., and O. Talagrand. Variational algorithms for analysis and assimilation of meteorological observations-theoretical aspects [J]. Tellus Series A – Dynamic Meteorology and Oceanography, 1986, 38(2): 97-110.

[148] Daley R. Atmospheric Data Analysis [M]. New York: Cambridge University Press, 1991:457.

[149] Houtekamer P. L., and H. L. Mitchell. Data assimilation using an ensemble Kalman Filter technique [J]. Monthly Weather

Review, 1998, 126: 796-811.

[150] Houtekamer P. L., and H. L. Mitchell. A sequential ensemble Kalman filter for atmospheric data assimilation [J]. Mon. Wea. Rev., 2001, 129: 123-137.

[151] Evensen G. The ensemble Kalman filter: theoretical formulation and practical implementation [J]. Ocean Dynamics, 2003, 253, 343-367.

[152] Evensen G. Sampling strategies and square root analysis schemes for the EnKF [J]. Ocean Dynamics, 2004, 54: 539-560.

[153] Fang F., M. D. Piggott, C. C. Pain, G. J. Gorman, and A. J. H. Goddard. An adaptive mesh adjoint data assimilation method [J]. Ocean Modeling, 2006, 15: 39-55.

[154] Thomsen P. G., and Z. Zlatev. Development of a data assimilation algorithm [J]. Computers and Mathematics with Applications, 2008, 55: 2381-2393.

[155] Mclaughlin D., and Townley L. R. A reassessment of the groundwater inverse problem [J]. Water Resour. Res., 1996, 32(5): 1131-1161.

[156] Mclaughlin D. An integrated approach to hydrologic data assimilation: interpolation, smoothing, and filtering [J]. Adv Water Resour., 2002, 25: 1275-1286.

[157] Natvik L.-J., and G. Evensen. Assimilation of ocean color data into a biochemical model of the North Atlantic Par 1. Data assimilation experiments [J]. Journal of Marine System, 2003, 40-41: 127-153.

[158] Aubert D., C. Loumagne, and L. Oudin. Sequential assimilation of soil moisture and streamflow data in a conceptual rainfall-runoff model [J]. Journal of Hydrology, 2003, 280: 145-161.

[159] Andreadis K. M., and D. P. Lettenmaier. Assimilating remotely sensed snow observations into a macroscale hydrology model [J]. Adv. Water Resour. Res., 2006, 29(6):872-886.

[160] Clark M. P., A. G. Slater, and A. P. Barrett. Assimilation of snow covered area information into hydrologic and land-surface models [J]. Adv. Water Resour., 2006, 29(8), 1209-1221.

[161] Reichle R. H. Data assimilation methods in the Earth sciences [J]. Advances in Water Resources, 2008, doi:10.1016/j.advwatres.2008.01.001.

[162] Christakos G. On the assimilation of uncertainty physical knowledge bases: Bayesian and non-Bayesian techniques [J]. Adv. Water Resour., 2002, 25: 1257-1274.

[163] Christakos G. Methodological developments in geophysical assimilation modeling [J]. Reviews of Geophysics, 2005, 43: 2004RG000163, 1-10.

[164] Oliver D. S., A. C. Reynolds, and N. Liu. Inverse theory for petroleum reservoir characterization and history matching [M]. 2008, July 28.

[165] Kalman R. E. A new approach to linear filtering and prediction problems [J]. Transactions of the ASME-Journal of Basic Engineering 82 (Series D), 1960: 35-45.

[166] Kalman R. E., and R. S. Bucy. New results in linear filtering and prediction theory [J]. 1961, Retrieved 2008-05-03.

[167] Gelb A. (1974) Applied optimal estimation [M]. MIT Press, Cambridge, MA.

[168] Maybeck P. S. Stochastic models, estimation and control [J]. Academic Press, INC., London, LTD, 1979.

[169] Zou Y. X., C. B. M. Testroet, and F. C. Van Geer. Using Kalman filtering to improve and quantifying the uncertainty of numerical groundwater simulation: 2. Application to monitoring network design [J]. Water Resour. Res., 1991, 27(8): 1995-2006.

[170] Drecourt J. P. Kalman filtering in hydrologic modeling [R]. DAIHM Technical Report, 2003, May 20.

[171] Drecourt J. P., H. Madsen, and D. Rosbjerg. Calibration framework for a Kalman filter applied to a groundwater model [J]. Adv. Water Resour., 2006, 29(5): 719-734.

[172] Zhang D., Z. Lu, and Y. Chen. Dynamic reservoir data assimilation with an efficient [J]. dimension-reduced Kalman filter. SPE Journal, 2007, 12(1): 108-117.

[173] Tipireddy R., H. A. Nasrellah, and C. S. Manohar. A Kalman filter based strategy for linear structural system identification based on multiple static and dynamic test data [J]. Probabilistic Engineering Mechanics, 2008, DOI: 10.1016/j.probengmech.2008.01.001.

[174] Evensen G. Sequential data assimilation with a nonlinear quasigeostrophic model using Monte Carlo methods to forecast error statistics [J]. Journal of Geophysical Research, 1994, 99(C5), 10.143-10.162.

[175] Chen Y., and D. Zhang. Data assimilation for transient flow in geologic formations via Ensemble Kalman Filter [J]. Adv. Water Resour., 2006, 29, 1107-1122.

[176] Tong J. X., B. X. Hu, and J. Z. Yang. Using data assimilation method to calibrate a heterogeneous conductivity filed conditioning on a transient flow test data [J]. Stoch Environ Res Risk Assess, 2010, DOI: 10.1007/s00477-010-0392-1.

[177] 王辉,王全九,邵明安.人工降雨条件下黄土坡面养分随径流迁移试验[J].农业工程学报,2006,22(6):39-44.

[178] 王全九,张江辉,丁新利.黄土区土壤溶质径流迁移过程影响因素浅析[J].西北水资源与水工程,1999b,10(1):9-13.

[179] 雷志栋,杨诗秀,谢森传.土壤水动力学[M].北京:清华大学出版社,1987.

[180] 张蔚榛.地下水与土壤水动力学[M].北京:中国水利水电出版社,1993.

[181] 冯绍元,丁跃元,姚彬.用人工降雨和数值模拟方程法研究

降雨入渗规律[J].水利学报,1998,(11):17-20,25.
[182] 吴长文,徐宁娟.摆喷式人工降雨机的特性试验[J].南昌大学学报(工科版),1995,17(1):58-65.
[183] 陈文亮,唐克丽.SR型野外人工模拟降雨装置[J].水土保持研究,2000,7(4):106-110.
[184] 高小梅,李兆麟,贾雪,等.人工模拟降雨装置的研制与应用[J].辐射防护,2000,20(1-2):86-90.
[185] 孙振,王华民,刘庆丰,等.PCC在人工模拟降雨控制系统中的应用[J].大众科技,2005,(10):84-85.
[186] 党福江,戈素芬,郑娟.DQSY型模拟降雨装置研制通报[J].中国水土保持科学,2006,4(5):99-102.
[187] 徐向舟,张红武,董占地,等.SX2002管网式降雨模拟装置的试验研究[J].中国水土保持,2006,(4):8-10.
[188] 中国科学院南京土壤研究所.土壤理化分析[M].上海科学技术出版社,1978.
[189] 中国土壤学会农业化学专业委员会.土壤农业化学常规分析方法[M].北京:科学出版社,1983.
[190] 中国科学院南京土壤研究所土壤物理研究室.土壤物理性质测定方法[M].北京:科学出版社,1993.
[191] 张明炷,黎庆淮,石秀兰.土壤学与农作学[M].北京:中国水利水电出版社,1993.
[192] 孙向阳,陈金林,崔晓阳,等.土壤学[M].北京:中国林业出版社,2004.
[193] 李志洪,赵兰坡,窦森,等.土壤学[M].北京:化学工业出版社,2005.
[194] Pan C. Z. , and Z. P. Shanggguan. Runoff hydraulic characteristics and sediment generation in sloped grassplots under simulated rainfall conditions [J]. J. Hydrol. , 2006, 331: 178-185.
[195] 徐英,陈亚新,王俊生,等.农田土壤水分和盐分分布的指示克立格分析评价[J].水科学进展,2004,25(9):1347-1352.
[196] 蔡树英,林琳,杨金忠,等.含水层和土壤的随机特征对水分运

动的影响[J].水科学进展,2005,16(3):313-320.

[197] 李少龙,杨金忠,蔡树英,等.多孔介质随机参数的相关性对非饱和水流的影响[J].水科学进展,2006,17(5):599-603.

[198] Burgers G., P. J. Van Leeuwen, and G. Evensen. Analysis scheme in the ensemble Kalman filter [J]. Monthly Weather Review, 1998, 126, 1719-1724.

[199] Evensen G. Data assimilation: the ensemble kalman filter [M]. Springer, New York, 2006.

致 谢

本书的研究受到国家自然科学基金项目资助(51209187)。

本文是在导师杨金忠教授的悉心指导下完成的,感谢导师带领我进入科学研究领域,并指导我从正确的基础开始我的研究生生涯,我的成果和导师的耐心指导、鼓励和支持是分不开的,他严谨的治学态度、积极乐观的生活态度以及正直的为人品格,为我树立了一个好科学家的形象。在此向杨老师表示由衷的感谢,同时也感谢师母蔡树英教授在生活中给予的关心和帮助。借此机会,也感谢在我出国留学期间,美国佛罗里达州里大学的导师 Bill X. Hu 的鼓励与支持以及爱达荷国家实验室的导师 Hai Huang 的帮助。

感谢在武汉大学水资源与水电工程科学国家重点实验室的师兄弟姐妹们对我的帮助,你们的陪伴让我在武汉大学的整个研究生生活更加快乐精彩,他们是伍靖伟、林琳、李少龙、王丽影、岳卫峰、杨丽、史良胜、周发超、谢先红、朱磊、鄂丽华、黄凯、哈欢、王矿、李向阳、暴入超、孙怀卫、范岳、朱焱、廖卫红、李洪源、查元源、杨迎、唐云卿、彭紫赟、宋博、马睿、谭秀翠、刘国强和宋雪航。感谢在实验过程中给予我帮助的人,包括暴入超、穆秀英老师、黄爽老师、门卫熊氏夫妇和水动力学的老师们,你们的帮忙和指导才让本研究的试验可以成功地进行下去。另外,还想借此机会感谢我在国外期间给予我帮助和鼓励的同行和朋友们,感谢你们的陪伴和支持,让我的研究生学习生活更加顺利,他们包括 Xinya Li, Catlin, Xiaozhu Wang, Ziyan Zhang, Xin Li, Xue Han, Xizhen Du, Heng Dai, Liying Wang, Dan Lu, Hailing Deng, Shijun Jiang, Chunfu Zhang, Yi Wang, Libo Cui, Yi Zhang, Raoul Fernandes, Sulata Ghosh, Xiao Chen, Xiaoying Zhang, I. Michael Navon, Ming Ye, Yang Wang, James Tull, Roy Odom,

致　谢

Sharon Wynn, Luanjing Guo, Yaqi Wang, Shouchun Deng, Chi Zhang, Yan Qiu, Xiaohu Fang, Zhijie Xu, Paul Meakin, Thomas R. Wood, Timothy C. Johnson, Earl D. Mattson, Eric Robertson, George D. Redden, Carl D. Palmer, Bodily A. Marsha, Larry C. Hull and Rob Podgorney。

最重要的是要感谢我的家人，父亲童银华、母亲李环珍、丈夫张怀芝、姐姐童春秀和弟弟童耀兵对我源源不断的爱、关心、支持、理解和宽容，感谢你们为我提供健康良好的生活和学习环境，你们是我求知欲的源泉，是支撑我求学之路的动力，谢谢！

最后，向所有给予我关心和帮助的名字没有出现在此的亲朋好友表示衷心的感谢！

童菊秀
2011 年 3 月 21 日

武汉大学优秀博士学位论文文库

已出版：

- 基于双耳线索的移动音频编码研究 / 陈水仙　著
- 多帧影像超分辨率复原重建关键技术研究 / 谢伟　著
- Copula函数理论在多变量水文分析计算中的应用研究 / 陈璐　著
- 大型地下洞室群地震响应与结构面控制型围岩稳定研究 / 张雨霆　著
- 迷走神经诱发心房颤动的电生理和离子通道基础研究 / 赵庆彦　著
- 心房颤动的自主神经机制研究 / 鲁志兵　著
- 氧化应激状态下维持黑素小体蛋白低免疫原性的分子机制研究 / 刘小明　著
- 实流形在复流形中的全纯不变量 / 尹万科　著
- MITA介导的细胞抗病毒反应信号转导及其调节机制 / 钟波　著
- 图书馆数字资源选择标准研究 / 唐琼　著
- 年龄结构变动与经济增长：理论模型与政策建议 / 李魁　著
- 积极一般预防理论研究 / 陈金林　著
- 海洋石油开发环境污染法律救济机制研究 / 高翔　著
  —— 以美国墨西哥湾漏油事故和我国渤海湾漏油事故为视角
- 中国共产党人政治忠诚观研究 / 徐霞　著
- 现代汉语属性名词语义特征研究 / 许艳平　著
- 论马克思的时间概念 / 熊进　著
- 晚明江南诗学研究 / 张清河　著
- 社会网络环境下基于用户关系的信息推荐服务研究 / 胡吉明　著
- "氢-水"电化学循环中的非铂催化剂研究 / 肖丽　著
- 重商主义、发展战略与长期增长 / 王高望　著
- C–S–H及其工程特性研究 / 王磊　著
- 基于合理性理论的来源国形象研究：构成、机制及策略 / 周玲　著
- 马克思主义理论的科学性问题 / 范畅　著
- 细胞抗病毒天然免疫信号转导的调控机制 / 李颖　著
- 过渡金属催化活泼烷基卤代物参与的偶联反应研究 / 刘超　著
- 体育领域反歧视法律问题研究 / 周青山　著
- 地球磁尾动力学过程的卫星观测和数值模拟研究 / 周猛　著
- 基于Arecibo非相干散射雷达的电离层动力学研究 / 龚韵　著
- 生长因子信号在小鼠牙胚和腭部发育中的作用 / 李璐　著
- 农田地表径流中溶质流失规律的研究 / 童菊秀　著